問題解決ドリル　世界一シンプルな思考トレーニング

三萬日圓的電扇為什麼能賣到缺貨？

坂田直樹
林依璇 譯

只要一張圖，
就能學會熱賣商品
背後的祕密！

推薦序

突破性思考，找到正確的經脈穴位才能解決問題

兩岸行銷專家　邱文仁

過去十幾年，我在人力銀行、消費品互聯網公司、文創公司、旅遊集團等不同產業，專心致力於「品牌、行銷」的工作，因為職業的關係，不得不對商品本身及市場反應非常的關注。我發現近五年，市場較之前可說是以數十倍速變化！由於網路的普及，人類消費習慣巨大改變，也帶來了品牌豐富且無遠弗屆的消費者選擇！這些改變，讓行銷人的工作充滿高度的挑戰性。

而另一個挑戰來自於消費者的經濟力！在我們身處的台灣，不可諱言，進入了一個消費者愈發謹慎（甚至是吝嗇花費）的狀態。於是，幾乎每一個企業主都在思考如何省

錢？經常性的要求在行銷費用上做最精簡的打算，卻期待最高的回報！

行銷人苦思怎麼在捉襟見肘的行銷預算中，增加產品的能見度及好感度？一般的做法是，使勁花招在傳播內容及媒體策略上動腦筋：或許是用新媒體，或許是用更譁眾取寵的傳播內容把產品介紹給大家！也許我們也可以安慰自己這是一個挑戰，但是，我們心裡明白，如果不從最根源的問題著手，這只是「治標不治本」的方法，而且也未必能達成銷售的目的！

既然要「解決根源的問題」，行銷人不得不去找尋那些成功的案例來取經。觀察了很多不景氣中「逆勢成長」的案例，我發現，它們都有其成功的相似軌跡！例如某些成功的銷售，可能來自於商品問世前就已經擁有的廣大粉絲基礎！舉個最容易理解的案例，就是知名網路小說翻拍成的電影，可以未演先轟動（拍攝之前，就有一定的票房信心）；或是，在商品研發時，先打破原本的商品邏輯，也就是在產品製造之前，就從消費者心底深處的需求來設計！或者，更進一步發掘、可被引導出來的新需求，來反推、設計、重新塑造產品，也就是「先破壞舊觀念再創造」！

研發者破壞既有的思考，破壞既有的設計，破壞既有的限制⋯，有時候是捨棄了過去大家一直深信不移的崇拜和信念！然後，開始進行有效的推廣，增進好感度及能見度！以上兩種方法，都是從消費者需求開始來製造產品，只不過這種消費者需求是新的！

打破傳統或固執的概念，對於一直比較循規蹈舉的東方社會來說，其實是比較困難的事情！

所幸，有**《三萬日圓的電扇為什麼能賣到缺貨？》**這本書的誕生，深入淺出的舉出30個突破限制、逆勢高飛的產品案例，也提供了一大群正在苦思要如何突破的企業主及行銷人員一線曙光！透過學習著成功者的思考邏輯，我們可以應用在自身的工作中，而不至於陷於困境泥淖，或是努力了半天卻徒勞無功。

在本書真實的案例中，以下這幾點，是我認為最需要學習的重點！

找出區隔性優勢

如果行銷人擁有「我們的產品很弱小」「我們的資源太少」的心態，就無法反轉其命運。所以，行銷人必須有心打破限制，看到獨特性並提煉出來，來改變產品的命運。關於這點，本書舉出資本小、又不具備地理優勢的旭川動物園！旭川動物園既沒有無尾熊或熊貓等明星動物，人手又不足，那要怎麼吸引遊客來玩兒呢？顯然是個大問題！

有趣的是，由於人手少，無法精細分工，那些與動物們深入相處的館內人員，反而深深感受到「動物那不預期的可愛動作及自然的舉止，才是最大的魅力所在」！於是，他們搭建了企鵝用的海底隧道，讓野狼在相似的自然環境自由的活動，將動物最自然的那一面，有效的包裝打造出來！充分「展現動物的自然魅力」的旭川動物園，已經是日本屬一屬二受歡迎的動物園了！

書中的建議是：身為弱者在面臨挑戰時，重要的是制定屬於自己的戰術法則，如果遵循先前他人制定的法則，強者已經做好萬萬全的準備；如果能制定新的法則，便能以對自己最有利的方式來戰鬥……

引發共鳴滿足深層需求

「共鳴策略」，是在設計產品之初，就透過消費者洞察，引發消費者心理的「共鳴」的產品，並以「共鳴點」來做行銷的主軸。

就像軟銀所設計的「Pepper 機器人」，就是個極為人性化的產品。好玩的是，原本社交用機器人是雙腳步行，但「雙腳步行」這個功能會大量耗電，造成使用一小時後就必須充電的情況。

一定要雙腳嗎？其實，年紀大的人，想要的不是多功能機器人，而是有個可以作伴的對象。軟銀經過取捨後，保留最重要的部分。比起耗電的雙腳步行，軟銀選擇了維持電力，因此可以進行長時間對話的功能，更有意思的是：「Pepper 機器人如果常常受到家人的疼愛和讚美，會變得十分開朗，如果把它晾在一旁，便會變成容易感到寂寞的憂鬱個性」！這種設計，迎合了消費者「想透過被需要的感覺來確認自己的存在價值」的內在需求。這豈不是人性中深層的需要嗎？

因此他一舉打開了社交機器人的市場！

以新價值創造消費者

遮光的太陽眼鏡之外，一般的眼鏡，難道不是有近視或散光等眼疾的人才需要購買嗎？但是，如果連視力沒有問題的人也會自發購買眼鏡，那麼眼鏡市場是不是大大增加呢？

JINS（睛姿）之前遇到日本眼鏡市場萎靡，不想跟其他廠牌一樣削價競爭，於是他們創造了新市場！JINS發現全日本超過一億人為過度使用3C產品造成眼睛不舒服為苦，其中很多人是為了工作需要不得不一直盯著螢幕，因此JINS開發出JINS PC眼鏡（濾藍光眼鏡），在日本已創下銷售六百萬副以上佳績。這就是以「保護眼睛而非矯正視力」的眼鏡新價值，創造出新的消費者的成功案例！

所以，在目前高度變化、一片混沌的商業環境下，解決問題就像醫治人體的毛病一樣，找到正確的經脈穴位所在，才是最重要的！而本書就是教導如何找到正確的問題點，並以實際案例引發讀者的創造力，以靈活、甚至另類的思考來解決問題並開闢新的戰場！

相信您讀完本書，會跟我一樣有著豁然開朗的感受！

推薦序

除了找痛點　還要對焦定位

國立臺灣大學EMBA執行長　謝明慧

近年來，消費者洞察似乎是門顯學，不同領域的專家學者紛紛強調以使用者為中心、換位思考以及同理心，並且提供了找尋痛點以及發展解方的指導方針以及實作工具。

本書的作者既有豐富的新產品開發經驗，又有品牌戰略的思維，因此，不僅能洞察需求的本質，更重要的是，能反思企業本身想要解決或有能力解決的是哪種痛點。因此，能在符合品牌定位的架構之下，找出品牌定位與顧客認知價值間的交會點，也就是作者所謂的「疊合」。如果沒有考量「疊合」，企業提的解方將缺乏中心思想，或許可以暫時止痛，但卻不一定能與品牌價值產生連結，也就無法彰顯獨特價值以及持續累積品牌資產建立競爭屏障。

除了顧客痛點與企業定位「疊合」之外，本書還有許多有趣的案例。例如，【JR東日本】把乘客變顧客，以及【雀巢】大使咖啡機帶進辦公室的例子，正是行銷3.0所強調的把顧客視為企業內部資產的概念。又如書中提到的【卡樂比】讓穀片成為優格的好夥伴；【普樂士文具】用自己的銷售網路販賣競爭者的東西，以及【聖．賽巴斯坦】的餐廳業者推行共享食譜，提升該城市成為美食之城的例子，正是行銷3.0所強調的協同顧客和合作夥伴達成價值創造的目的。

推薦序

思考脈絡的方法

國立政治大學商學院　科技管理與智慧財產研究所教授　蕭瑞麟

這本書雖然談的是行銷的創新做法，但其實是在推廣思考的技術。簡而易懂的流暢文筆，令人很快的能夠消化書中三十個案例。這本書一口氣提供了這麼多個實戰案例，讓我們理解，創新不一定要動用龐大的資源，小兵也可以立大功，只要能夠找到脈絡。

這本書點出了三個既容易懂、卻又常被忽略的創新原則。第一，理解企業本身的優勢，就能找到必勝的戰場。企業忽略用新的視角來看待自己所擁有的資源。當時空背景變化，對手崛起，企業往往就不知所措。可是，如果能夠因地制宜、更換戰場，說不定就能夠讓自己的資源擁有全新的優勢。第二，了解使用者的真心話。多數企業會根據以往成功的模式做決策，也因此阻礙了創新的動機。如此，企業更會產生盲點，看不見使用者痛點，錯失創新的良機。第三，當企業本身的新優勢與使用者的痛點交集的時候，便會產生「疊合思考」區域，找到創新的來源。

書中歸納了五項以脈絡創新的方法，相當值得參考。

方法一：痛點就是商機。金鷹棒球隊剛剛成立的時候，球場門可羅雀、生意慘淡。但他們注意到，其實觀眾更在意的不是球賽，而是要與好朋友下班後能夠把酒言歡的地點。於是，球場的座位改裝為居酒屋包廂，棒球現場演出成為聚會的話題。這時，龐大的營收來自於門票之外。

方法二：制約促成轉機。西班牙一個默默無名的小鎮，只有幾家優質的餐廳。但由於交通不便，遊客往往會跳過這個景點。小鎮餐廳靈機一動，決定聯合起來共享食譜，讓鎮上的每家餐廳都提升烹飪技巧。遊客到了這裡不會遇到「地雷」餐廳，於是名聲也逐漸傳了出去，「美食之旅」成為小鎮的金字招牌。

方法三：共鳴找到契機。一般來說，家長都不會喜歡小孩打電動玩具，原因並非討厭電玩，而是擔心小孩宅在房間裡，跟家人失去互動。觀察到此脈絡，任天堂於是推出全家共樂的Wii，讓小孩玩的地點移到客廳，可以跟全家人互動，取得家長的共鳴，讓Wii暢銷一時。

方法四：角色轉換時機。比起米飯與麵包，卡樂比水果穀片在日本的早餐市場一點都不具吸引力。不過，當不了主角，卻可以當勝任的配角。當水果穀片淋上優格，就成為早餐後的健康點心，可以清腸胃、助消化。水果穀片的業績也就扶搖而直上了。

方法五：入境問俗見生機。明太子起被美國人討厭，因為吃「生魚卵」是令人反感的。可是，如果改名為日式「辣味魚子醬」，就即刻大受美國食客的歡迎。這是因為不同文化的理解。了解在地脈絡、接地氣，就能找到創新的來源。日本鳥取縣的三朝溫泉有好水質，但卻地處偏遠，使手機收不到訊號。然而，由都市人的角度來想，收不到訊號反而是好事，因為就可以不受打擾，來一次「數位排毒」之旅。

這本書整理的雖然多數是日本案例，卻適用於讓各行的專業人去培育問題思考力。很想再多分享一點，但是為了不破梗，接下來就讓讀者自己去探索更多創新的樂趣吧。

序言

切中需求，解決問題

我所飼養的巴哥犬常把心愛的骨頭叼到我腳邊，與我四目相交之際，牠會露出驕傲的神情，彷彿在說「你很想要吧！那我就大發慈悲借你玩一會兒」，然後洋洋得意地走開。

牠大概是覺得「自己喜歡的東西對方也一定會喜歡」吧！狗兒的例子固然令人失笑，但商場上卻時常可見類似的狀況。

上司只是想知道解決問題的方法，但部屬卻拼命整理簡報的排版格式。

不過是想看個電視而已，設計者卻在遙控器上面加了一堆不必要的按鈕。

明明只是來買毛衣，店員卻推薦我買夾克。

思考解決問題的方法時，如果只從自己的角度出發，當然無法解決對方的問題。與對方既有的認知和需求落差，導致解決問題時總不得法。

提出讓對方不再為問題所困擾的方法，才是真正具有價值的解決之道！

無論是孫子、彼得．杜拉克（Peter Ferdinand Drucker），甚至哆啦A夢這類能夠順利解決問題的人都具有此共通點。

孫子曾說過「知己知彼，百戰不殆」。彼得．杜拉克將企業存在目的定位為「創造顧客」，也就是解決顧客的問題。哆啦A夢認真聆聽大雄哭訴的內容，從百寶袋中拿出最合適的道具。

也就是說，不光從自己的立場出發，而是從對方的立場思考，尋找彼此都能接受的疊合之處才能解決問題。

各位讀者好。初次見面，我是從事市場行銷的坂田直樹。本書的主題既然是「切中需求，解決問題」，為了不讓各位讀者與我之間產生認知及需求的落差，就讓我先做個自我介紹，接著再來聊聊本書要以何種方式與讀者的需求加以疊合。

我剛畢業時任職於日本聯合利華公司，在行銷部門負責擬定品牌戰略及開發新商品。每天在外文和專業用語中打滾，為了追上進度就已經拚盡全力。其中最讓我煩惱的是打造商品「conception」的工作。

雖然我用自己的方式交出了幾個提案，卻被以根本不是商品「conception」的理由回絕。由於對周圍的同事而言「conception」是基本常識，我也難以開口詢問。於是，我試圖翻字典查詢「conception」的意思。

字典上寫著「①概念、②構想」，那對我來說是很普通的解釋，覺得一點新鮮感也沒有。但③卻寫著「受胎、懷孕」。

「Conception」有「懷孕」的意思嗎？我進一步找尋資料，發現這是由conceive（懷孕）所衍生出的字。也就是說，「conception」是精卵的交會和疊合。這也讓我發覺，必須將顧客需求和公司優勢加以疊合，才能產出「conception」。

在那之後過了十年，為了減少與企業與消費者在認知與需求間的落差，我打造出日本最大的共創平台，也就是「好點子」平台（Blabo!），讓日本的消費者能在網路上參與企業的企劃會議。

在此同時，我也向各式各樣的顧客提供諮詢服務。活用網路平台的消費者觀點，向麒麟啤酒、好侍食品、森永乳業等大型企業，甚至是神奈川縣、鳥取縣等地方政府提供建議。

許多問題紛紛湧到我眼前。諸如位於永旺購物中心的大型店面應採取何種設計理念，經濟產業省（相當於我國經濟部）也和我討論如何創造機器人和消費者在日常生活中的接觸等，各式五花八門的問題都有。

我本身曾是商品製造商的行銷者，之後協助企業從事市場行銷，其後又建立共創平台「好點子」。眼前所面臨的問題不斷轉變，但我的思考方式始終如一。

那便是**將「對方真正的問題」，與「公司所能及的事」兩者疊合，藉此解決問題**。

也許會有人覺得，必須運用複雜的手法和分析方式才能掌握「解決問題」的關鍵，但實情並非如此。

就算不了解市場行銷，如果工作中涉及到解決「某人」的「某項問題」，此時了解對方的需求，並將其與自己能力所及的事情疊合，就可以發現解決問題的關鍵。

運用「疊合思考」，只要透過一張圖便能解決問題。這樣的說法或許有些誇大，但沒有交易對象就沒有交易活動，學習思考找出自己和對方疊合的部分，有助於解決各式難題。

因此，本書不是只為行銷管理或企業經營者而寫，我希望業務員、煩惱溝通問題的新進員工，以及各行各業的讀者也能閱讀本書。

本書所介紹的三十種技巧不只是紙上談兵，而是節選現實中的市場行銷問題以及解決之道，帶領讀者解決實際存在的問題。比起只從理論著手，藉由範例的引導，從今天起讀者也可以試著運用其中的方法解決工作上所面臨的難題。

本書如能減少各位讀者與目標對象之間的落差，輕鬆地解決各種問題，身為作者的我也會感到十分欣喜。

目錄

第1章

學習思考如何解決「不可能的任務」吧！……35

第3章 學習運用「共鳴戰略」創造價值吧！

第5章 具備「原創性」的思考

序章

僅用「一張圖」便能解決問題

跟做事不得要領的自己說再見！

彼得・杜拉克將企業存在的目的定為「創造顧客」，這話說得一點也不錯。無論是拉麵店、臉書還是其他公司，所有企業都是為了解決顧客的問題而存在。

然而，不只電信業者在服務中強加顧客不需要的項目，許多業者皆僅從自身公司的觀點出發。短時間內或許可以獲利，然而如果只會強迫顧客配合公司的服務，一旦出現了更能替顧客著想的競爭對手，顧客被拉走也是可以想像的。

關鍵在於業者只顧著解決自己的問題，沒有解決顧客的問題。

如同近江商人（以組織性手法與刻苦耐勞著稱。與大阪商人、伊勢商人並稱為日本三大商人。）所秉持的三贏準則「買方歡喜，賣方歡喜，世間皆大歡喜」，買方與賣方都能獲得滿足是一大重點。

世阿彌[1]曾將自身角度所見的事物稱為「我見」，由對方角度所見的事物稱為「離見」。然而我們往往只在意「我見」而忽略「離見」。

俗話說「**公司的常識不等於世間的常識**」，在同一間公司工作久了，自己認為理所當然的事，往往會與社會脫節。

這數十年來科技日新月異，許多解決方法也被體系化，書店不時可見堆積如山的「問題解決書」。但為何人們的問題不減反增呢？

原因在於許多問題的解決方法忽略「自己要解決哪位顧客的問題」，遺漏這個大前提，將會使自己與交易對象出現認知與需求的落差，導致總是不得法。

「優秀的技術絕對能大賣，但商品總是賣不出去。」

「為了達到銷售目標不知拜訪過多少顧客，但生意卻始終談不成。」

「明明是經過公司內部討論過後所推出的服務，卻無法解決任何人的問題。」

像以上的這些事例真得是不勝枚舉。

如果沒有正確理解「哪些顧客的問題，要憑藉什麼才能夠解決」，則永遠無法解決問題。

如果無法解決任何人的問題，無論是多出色的科技，都無法找到疊合的可能性。

---

1 日本室町時代初期的著名猿樂演員與劇作家。

比方說替代步行工具的賽格威平衡車剛推出時相當受到矚目。然而，不知不覺間這項產品卻從街頭消失無蹤。對消費者而言，只不過去買個東西會特地想使用平衡車的人應該不多吧。為了健康考量可以選擇走路，有點距離的地方則有腳踏車也就夠了。

先思考「要解決誰的問題」

解決問題時不能只想著自己的問題，也要考量顧客和市場的問題。關鍵在於將「**對方的想法**」和「**企業的理念**」疊合。

本書問題解決方式的主軸為下列幾點：

1.發現對方真正的問題所在，2.理解自身公司的潛力，3.發掘疊合部分的技巧，也就是「**疊合思考**」。

首先，事業之所以存在，是為了要解決顧客真正的需求。然而，企業並不是顧客，難以了解顧客的真心話，也不明白顧客實際面臨的困難；因而在想像中創造對自己有利的問題，然後試著解決這些問題。

該怎樣才能了解顧客的真心話呢？等一下將和各位讀者分享不同的案例。

接著，重要的是了解你自己以及公司自身所具有的潛力。就算能夠理解顧客的真實需求，然而如果不是「只有你能解決」的問題，就無法彰顯出你的價值。

最後，將顧客真正的問題與你的獨特潛力疊合，這便是解決問題的關鍵。不過度迎合顧客而迷失自己，也不會過度重視自己而忽視顧客的需求，運用恰到好處的「疊合」解決問題吧。

為何購物中心內的二手車店能夠大受歡迎？

讓我們來看看「疊合思考」發揮效用的實際例子吧！

二手車商格列佛（Gulliver International，現為ＩＤＯＭ）二〇一四年要在購物中心展店時，我擔任了企畫的策劃人。

踏入二手車店不是件容易的事吧！光是想到銷售員等著顧客上門，便要先做好心理準備。正因如此，業者沒有什麼機會可以招攬新客戶。格列佛為了更加接近消費者，在購物中心裡設立新店面。然而，只把過往的銷售模式原封不動地移到購物中心，對於抱持輕鬆心情和家人一同來逛街的顧客來說，根本就沒有任何吸引力，

從此我們可以察覺解決此一問題的關鍵，便是尋找二手車店與家庭之間的接觸點。一旦到現場便可以了解到許多家庭在購物中心用餐後沒有預定行程，只是留在裡頭閒逛。實際聽聽這些家庭的心聲，我們得到的回應是「其實我們也沒有很想來購物中心」，而做父親的真心話是「有時也想帶小孩到遠一點的地方玩」。

以父親的真心話與格列佛「讓更多人體會到出遊的樂趣」的願景結合來做規劃，打造出符合消費者需求的店面。

詳細請參考本書第43頁「二手車商『格列佛』成功在購物中心展店的成功理由為何？」。向來對道路沿線旁店鋪缺乏興趣的家庭也會順道來晃晃，就算顧客還要數年才會換車，也能透過與顧客間的往來互動無形中建立出良好關係。

開始進行「疊合思考」

我平時從事的工作包含商品企劃、地方特產企劃、塑造觀光品牌、店面規劃、網站開發、事業開發等各式各樣的領域。共通點都在發現顧客的獨特性，找出目標對象真正的想法，並運用「疊合思考」連結起來，進而解決問題。

發現對方的需求，探索自己公司能力所及，將其疊合後找出解答；這個技巧能夠運用在許多問題上。

雖然是很簡單的思考方式，卻能讓你在商場上勝出。

閱讀本書，掌握顧客真正的需求，捨棄不得法的解決方式，便能提升處理問題的精準度。

雖然不像孫子所說的「知己知彼，百戰不殆」，然而只要能發現自身公司的獨特潛力，發掘顧客真正的需求，問題便能迎刃而解。

在閱讀本書的三十個例子時，請將自己放在當事人雙方的角度加以思考，如此一來必能提升您解決問題的能力。

運用「疊合思考」

將「企業的優勢、理念」與「消費者的真心話」重合，答案就在其中。優良商品或服務不見得能夠熱賣。以下將介紹三十個實例，跟著一起學習只用「一張圖」便能解決問題的思考方式吧！

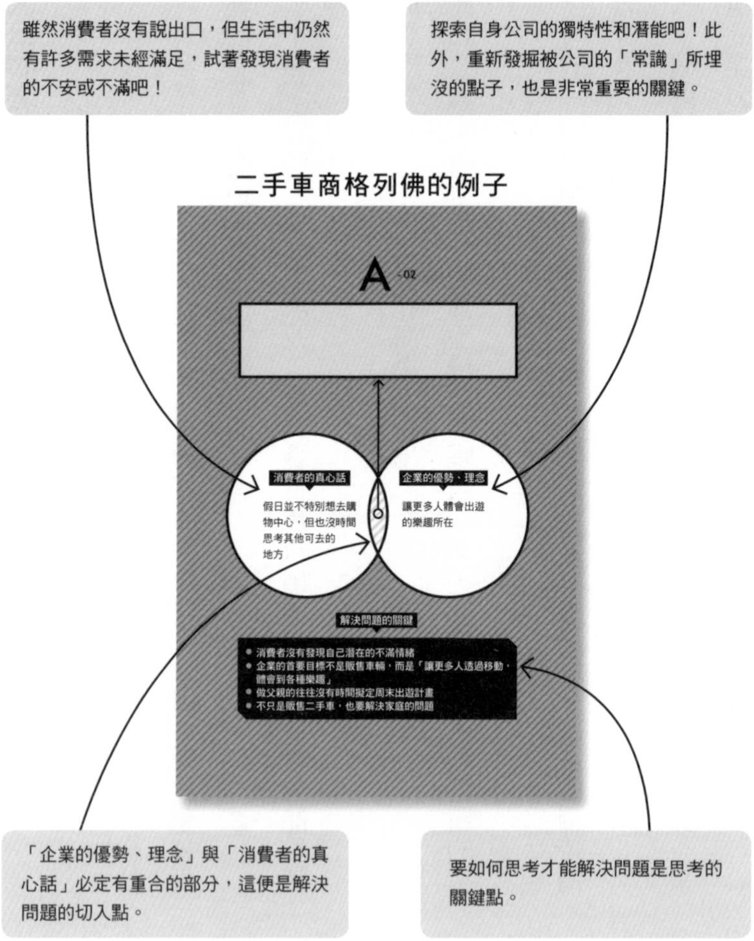
雖然消費者沒有說出口，但生活中仍然有許多需求未經滿足，試著發現消費者的不安或不滿吧！
探索自身公司的獨特性和潛能吧！此外，重新發掘被公司的「常識」所埋沒的點子，也是非常重要的關鍵。
二手車商格列佛的例子
A-02
消費者的真心話
假日並不特別想去購物中心，但也沒時間思考其他可去的地方
企業的優勢、理念
讓更多人體會出遊的樂趣所在
解決問題的關鍵
消費者沒有發現自己潛在的不滿情緒
企業的首要目標不是販售車輛，而是「讓更多人透過移動，體會到各種樂趣」
做父親的往往沒有時間擬定周末出遊計畫
不只是販售二手車，也要解決家庭的問題
「企業的優勢、理念」與「消費者的真心話」必定有重合的部分，這便是解決問題的切入點。
要如何思考才能解決問題是思考的關鍵點。

第1章

學習思考如何解決「不可能的任務」吧！

商場上風水輪流轉，就如古諺所說「盛者必衰」，再怎麼成功的企業，如果無法因應局勢變化，也難以在商場上存活。從業績始終低迷不振的日本環球影城重獲新生，以及二手車商格列佛在購物中心成功展店的例子，一起來看看這些企業如何挑戰「不可能的任務」吧！

Q01 日本環球影城的業績如何從谷底反彈回升？

日本環球影城復活的秘密

日本環球影城主題公園（Universal Studio Japan，略稱為ＵＳＪ），自從二〇〇一年的全年入場總人次達到一千一百萬人後，業績便始終處於低迷狀態。

然而二〇一〇年後入場人次從谷底反彈，二〇一五年甚至超越東京迪士尼海洋樂園，創下一千三百九十萬人的最高入場人次紀錄。

重新挽回遊客絕非易事，日本環球影城的行銷負責人究竟採取了什麼策略，讓業績慘澹的環球影城重獲新生呢？

提示 日本環球影城非得要和東京迪士尼樂園有所區隔嗎？

A-01

放下電影主題公園對於「電影」的執著

消費者的真心話

希望能讓小孩體驗關西地區少見的主題公園樂趣

企業的優勢、理念

活用來自好萊塢的娛樂技術，應能增加遊客前來的意願

解決問題的關鍵

- 環球影城沒有必要與東京迪士尼做出區隔
- 企業的優勢並非在於電影，而是「打造獨特世界觀的技術」
- 比起去迪士尼樂園，父母更想讓孩子有特別的體驗
- 只要捨棄沒有意義的區別，好點子便會隨之而來

疊合的技術

放下「無謂的區別」

人稱日本遊樂園東有迪士尼，西有環球影城。環球影城的經營者，免不了會擔憂如果捨棄以電影為主題的定位，很可能變得和迪士尼樂園沒什麼兩樣，淪為一般的主題樂園。

然而，我們所要思考的關鍵點是「**區別的必要性何在？**」

「環球影城非得要和東京迪士尼樂園有所區別嗎？」——這正是環球影城的行銷負責人所提出的問題。

從現實面來說，東京和大阪距離十分遙遠（直線距離約四百公里）。礙於高額的交通費用，從東京到環球影城的遊客，僅占全體客人不到一成。

從根本修正每一間公司認為理所當然的「限制」，想當然爾並非易事。重要的改變關鍵，便是理解「顧客的需求究竟是什麼？」，並試著聆聽顧客的真心話。

想恢復首年高達一千一百萬人人次的盛況

二〇〇一年盛大開幕的環球影城有不錯的開始。然而，第二年開始便陸續發生違反火藥規定使用量、飲料混入工業用水等醜聞，導致環球影城人氣直線下滑。另一方面，除了實體因素，環球影城還面臨更艱難的問題。

那便是「錯誤的執著」。

以小飛俠彼得潘中的海盜船為例，環球影城耗費鉅資做出看似歷經歲月的懷舊塗裝，然而遊客的反應卻認為海盜船既老舊又布滿髒汙。且由於以電影做為主要賣點，對年幼孩童來說可能無法體會箇中樂趣。過度執著以電影為訴求的主題樂園，加深了消費者與環球影城之間的隔閡。

此時登場的是曾負責日本寶僑公司（P&G）行銷的森岡毅。比起勉強和東京迪士尼做出區別讓客群越來越小，他所採取的策略非常單純，就是打造「**可以和家人一同遊玩的主題樂園**」就夠了。

況且，環球影城的優勢便是關西獨一無二的好萊塢娛樂技術。運用其他競爭者沒有的強項，甩開電影的束縛，環球影城找到了屬於自己的生存之道。

消費者的真心話

想讓孩子體驗不一樣的娛樂

讓我們一起來想想，關西的消費者究竟需要什麼的遊樂園呢？這個問題看似簡單，如從消費者的觀點來看，環球影城並不需要和東京迪士尼做出區隔。舉例來說，如果家住關西的一家四口想去東京迪士尼玩，光是來回的新幹線票價便超過十萬日圓，對一般家庭而言是筆不小的負擔。

關西缺乏像迪士尼這樣有著獨特世界觀的主題樂園。如果環球影城能夠成為闔家同樂的遊樂園，想必會引起許多遊客的興趣。換言之，在關西生活的父母們的真心話是「**想讓孩子有特別的遊玩體驗**」。

發現疊合的部分

區別化的理由究竟是什麼？

環球影城從束縛自己的電影限制中解放，轉型為適合全家大小前來遊玩的主題樂園。更與「海賊王」、「魔物獵人」以及「妖怪手錶」等人氣作品合作，讓環球影城成為充滿各種可能性的樂園。

即使在關西也能體驗如迪士尼般獨特世界觀的優勢，與遊客想和家人一同嘗試特別娛樂體驗的需求疊合。成果如各位所知，環球影城在二〇一五年入場總人次高達一千三百九十萬人，成為世界排名第四的熱門主題樂園。

經年累月而被視為理所當然的「無謂區別化」存在於各個公司。為了不要讓公司因為這些無謂的差異而與市場需求漸行漸遠，企業經營者必須提醒自己思考「區別化的理由究竟是什麼？」才是正確的作法。

Q 02

二手車商「格列佛」能成功在購物中心展店的理由為何？

二手車過往的銷售方式是將店鋪開設在道路沿線旁，被動等客人到來。然而，此一方式似乎已經到達了極限，無法拓展新的客源。

於是二手車商「格列佛」（Gulliver International，現更名為ＩＤＯＭ）為了尋求新的客源，而在人潮洶湧的購物中心開展店鋪。

但消費者前往購物中心是為了輕鬆地購物，很難想像有人會為了七年才汰換一次的汽車特地前往購物中心選購。

然而格列佛克服艱難的考驗，在第一年即成功吸引顧客上門。箇中奧秘在於滿足周末和家人一同前來的客人需求。格列佛究竟以什麼方式滿足這些客人的需要呢？

提示 家裡有小孩的父親究竟為了什麼煩惱呢？

賣二手車前需要做什麼事呢？

A-02

不只販售二手車，也提供假日出遊資訊

消費者的真心話

假日並不特別想去購物中心，但也沒時間思考其他可去的地方

企業的優勢、理念

讓更多人體會出遊的樂趣所在

解決問題的關鍵

- 消費者沒有發現自己潛在的不滿情緒
- 企業的首要目標不是販售車輛，而是「讓更多人體會到出遊的各種樂趣」
- 做父親的往往沒有時間擬定周末出遊計畫
- 不只是販售二手車，也要解決家庭的問題

發現連消費者自己都沒有意識到的問題

在日復一日的工作中，人們的思考模式也會變得僵化。如此一來便很難發現顧客內心的不滿。

比方說，二〇一三年推出的「freee」雲端會計軟體，僅在三年內就被六十萬家事務所採用，在雲端會計軟體業界市佔率排名第一。「freee」的董事長佐佐木大輔原先任職的是Google，從事與會計無關的工作。

然而，擔任財務長時，他親眼目睹鄰座負責會計的人員耗費一整天的時間輸入資料，這景象讓他受到極大的衝擊。對於負責會計工作的人而言，輸入資料是理所當然的事。但是Google出身的佐佐木卻有截然不同的想法。如果將輸入資料的工作改由電腦代勞，員工便能將省下的時間用於財務分析等較具知識性的勞動，這也成為研發「freee」的契機。

對身陷其中的當事人而言，這些不合理的事情往往理所當然。因此，重要的是轉換角度，學習從外部看到不一樣的觀點。

企業的優勢、理念

讓更多人體會到出遊的樂趣所在

一說到二手車商，許多人腦海中想必會浮現二手車在道路沿線旁店鋪販賣的景象吧！二手車業界過往的銷售方式，是在道路沿線旁店鋪展示車輛，等待客人上門。然而，現在的日本以年輕人為中心，對汽車的需求逐漸減少，二手車業者也必須思考新的策略才行。周末的購物中心是闔家同樂的去處，格列佛為了吸引新的顧客上門，思考在購物中心設置店鋪。

購物中心給人的印象是輕鬆快樂地購物，很難和二手車買賣連結在一起。我身為此一企畫的策劃者，為了克服此一難關，開始探求格列佛真正的想法。我發現格列佛公司的理念是「企業的主要目標不是販售車輛，而是以合理的價格讓車輛在市場上流通，使更多人能夠體會到出遊的樂趣。」

消費者的真心話

沒有時間思考周末假日的出遊計畫

對於父親而言，假日去購物中心可說是「服務家人」的方便手段。其實也想帶家人去各種地方玩，但由於平日過於忙碌，實在沒有餘力收集活動的相關資訊。往往最後只能選擇讓妻子能夠購物，小孩也會感到開心的購物中心作為出遊地點。

發現疊合的部分

不只販售二手車，也提供附近的出遊資訊

如果只把過往「展示汽車」的銷售模式原封不動地移到購物中心，對於抱持輕鬆態度來到購物中心的顧客來說，根本就沒有任何吸引力。格列佛對此非常了解。

讓我們思考來到購物中心的家庭，內心深處到底有什麼期待。如果問「來到購物中心的人有什麼需求呢？」，或許很多人會回答「來買東西」吧！

然而，一旦到現場就可以了解，有許多家庭在用餐過後沒有預定行程，只是留在購物中心閒逛。實際聽聽這些家庭的心聲，我們得到這樣的回應「其實我們不是特別想來購物中心」，做父親的也表示「有時也想帶小孩到遠一點的地方玩」。

父親的真心話與格列佛「讓更多人透過體驗到出遊的樂趣」的願景結合，打造出符合消費者需求的店面。

如此一來，店面的概念也隨之轉換。不只是單純的汽車展示場，同時也是提供出遊

資訊的「旅遊第一站」。

提供只需數小時便可抵達的旅遊景點，實現顧客需求的出遊規劃大受歡迎。向來對道路沿線店鋪興趣缺缺的家庭，用餐後也會順道來店裡逛逛；就算距離換車還有數年的時間，但透過旅遊資訊與顧客往來互動，無形中建立良好的關係，二手車的銷售狀況也因而好轉。在短短的一年內，購物中心的店面業績躍居為公司第一，並一口氣以相同模式開設了四家店面。

「倫巴」的熱銷是必然結果

Q 03

日本出貨超過一百萬台的掃地機器人「倫巴」的誕生契機？

從擁有強大吸力的吸塵器到手持吸塵器，市場上充滿各式各樣的吸塵器產品。由於市場已被既存的眾多吸塵器廠商攻佔，對新的市場參與者來說，搶下一席之地絕非易事。然而，掃地機器人「倫巴」（Roomba）成功地讓原本已經有吸塵器的家庭再度購買第二台吸塵器，日本國內累計出貨量已經超過一百萬台。

iRobot以和其他廠商截然不同的觀點開發「倫巴」。究竟iRobot開發「倫巴」的目標是什麼呢？

提示 「倫巴」讓打掃的過程發生什麼變化呢？

A-03

不是提升吸塵器的性能，而是讓人們從打掃的工作中獲得解放

消費者的真心話

其實根本不想打掃，
可是又不得不做

企業的優勢、理念

停止追求吸塵器的性
能，讓人們脫離無聊
的打掃工作

解決問題的關鍵

- 思考提升吸塵器的吸力，還是讓吸塵器進化
- 重點不在於能否做到，而是抓住問題的大方向
- 對於忙得分身乏術的雙薪家庭夫妻而言，為了不打擾鄰居休息，只能選擇在周末打掃
- 實現消費者「如果平日能有人代替自己打掃該有多好」的願望

抓住問題的大方向

吸塵器製造廠商為了提高吸塵器的吸力等性能，長久以來不斷致力改善商品。然而，持續提升吸塵器的性能真的是正確的嗎？

一旦成為研發負責人，光是考量技術限制及發售日等眼前問題便感到頭疼，想要從大方向來看事物實在是很困難的事。然而正因為如此，更重要的是回歸原本目的，重新思考創新的方向。

日本人被認為擅長改善事物，但改善雖然走向「進步」，卻不意味著走向「進化」。「進步」和「進化」是截然不同的。

如果想要追求進化，重要的是在思考答案之前學習從大方向來看問題。所掌握的問題決定答案的層次高低。提升吸塵器吸力，或讓消費者擁有更輕鬆愉快的生活品質，你選擇哪一個？

企業的優勢、理念

讓人們從無趣的打掃工作中解脫

在眾多的吸塵器廠商中，只有iRobot掌握到的問題點與其他廠商截然不同。iRobot不執著於提高吸塵器性能，而是從完全不同的層次思考消費者的需求，得出「**讓人們從無趣的打掃工作中解脫**」的大方向，放棄追求吸塵器的性能。

消費者的真心話

雖然打掃很麻煩卻不得不做

對於忙得分身乏術的雙薪家庭夫妻而言，很難保持每天家裡乾淨整潔。但是晚上回家後用吸塵器打掃會打擾到鄰居。「**如果吸塵器可以自己打掃該有多好**」，這是許多人內心的渴望；話雖這麼說，但在「倫巴」問世之前也不過是幻想罷了。消費者只能選擇在周末打掃，或是在平日晚上輕輕擦拭地板。

發現疊合的部分

能夠自動打掃的掃地機器人

「購買超強吸力的吸塵器也不值得高興，其實我根本不想打掃」，這才是消費者的真心話。回應消費者的需求，iRobot選擇的方式並非提升吸塵器性能，而是讓消費者「**打掃有機器人代勞**」，成功創造全新市場需求。

Q 04

未曾奪冠的東北樂天金鷹用了何種策略從第一年便開始獲利？

轉播費用和廣告收入是運動產業重要的收入來源，但隨著電視轉播減少，營收呈現赤字的職業棒球球團越來越多。

為了增加收入來源，也有球團以當地球迷為目標，試圖增加當地人的認同感，增加觀眾人數。然而，如果以在地訴求為目標就需要長時間的耕耘。

縱使有上述諸多不利條件，東北樂天金鷹卻從二〇〇五年經營球隊的第一年起便成功吸引許多觀眾，順利獲得盈餘，他們究竟運用了什麼妙計呢？

真正的對手是誰？

提示 平日夜晚的上班族離開公司後都做些什麼呢？

A-04

增加面對面式的包廂座椅，讓球場不僅是觀賞棒球比賽的地方，也是下班後的居酒屋

消費者的真心話

希望下班後有個地方，可以和同事一起開懷暢飲，談天說地

企業的優勢、理念

為了讓業績更加穩定，想增加平日晚上的觀眾人數

解決問題的關鍵

- 一旦站在顧客的立場，便會察覺到一個事實，那就是顧客可能會選擇的商品或服務都是競爭對手
- 了解平日晚上目標客群在做些什麼
- 首先來思考增加觀眾的方法吧！
- 對顧客來說，觀賞棒球並非最重要的目的

重新檢視競爭對手

短短數年內任天堂的競爭對手，除了擁有PlayStation的SONY、卡普空等遊戲公司外，社群網路遊戲也加入戰局，超越原本遊戲產業的範疇。從可支配收入的觀點來看，會奪走消費者遊戲時間的商品或服務都算是競爭對手。

以前在電車上玩Nintendo DS遊戲機的人們，如今會使用APP購物，也會使用LINE享受和朋友聊天的樂趣。以前或許會利用空檔拿出小本的文庫書籍閱讀，但如今大部分的讀者會拿出智慧型手機，用Kindle看小說。

不只是從同一產業業界尋找競爭對手，而是從顧客立場出發，顧客可能選擇的商品或服務都是潛在的競爭對手。

雖然無法證明因果關係，有資料顯示口香糖、糖果的銷售量與智慧型手機的普及率成反比。「智慧型手機也許是消磨通勤時間的工具吧」，透過各種假設，重新檢視並找到真正的競爭對手。

如何避免平日夜晚門票乏人問津

隨著樂天網路平台知名度提高，掌握此良機，球團經營想必也能展現絕佳的成果吧！然而，這是樂天首次嘗試經營球團，其實並不瞭解具體應該怎麼做，要召集優秀的選手也不是件簡單的事情。

如果這樣下去，經營絕對會出現赤字。樂天雖不具備棒球專業，卻具備經營專業；樂天充分運用此優勢挑戰提高業績。首當其衝的問題，便是如何避免平日晚上的門票乏人問津。

要讓好不容易下了班的上班族特地踏入球場觀戰，實在是不可能的任務。更何況在樂天金鷹的根據地宮城縣仙台，棒球並不是熱門運動。剛開始或許當地人會因新鮮感前來，但這終究又是一時的熱潮罷了。為了讓觀眾持續前來，必須改變當地人們平日晚上的習慣。

消費者的真心話

希望下班後有地方可以和同事一起開懷暢飲

對於上班族而言，平日晚上多半是與同事或友人相聚，一邊喝酒一邊閒話家常。抱怨工作上的不順利。喝酒固然重要，但聚會的地點也很重要，因此仙台的居酒屋總是聚集許多上班族。

發現疊合的部分

球場是觀賽場所，也可以是居酒屋！

一般情況下，球團往往會以「贏了幾場，排名高低」等作為宣傳，藉此和其他球團競爭。隊伍越強就能吸引更多觀眾，收益也會增加。然而，如此一來必須花費漫長的時間才能獲利。

對於球團的經營者而言，如何動員更多觀眾前來觀賽才是最重要的課題。在這裡，東北樂天金鷹找到他們真正的競爭對手。

競爭對手不是其他球團，而是奪走上班族平日下班時間的居酒屋。

樂天金鷹的負責人調查夜晚的仙台市區，研究上班族如何消磨下班後的時光。他發現夜晚的仙台商業區比起其他地方更為熱鬧，居酒屋的客人也非常多。仙台上班族特別喜歡與同事在居酒屋開懷暢飲、閒話家常。

如果想吸引這些喜歡去居酒屋的上班族，必須讓他們覺得球場是下班後值得一去的地方。上班族們需要「開懷暢飲、盡情閒聊」，但是棒球場的座位排成一列，很難跟他人聊天。

因此，模仿相撲比賽場地的枡席[2]，打造出像居酒屋般的座位，讓球場不僅是觀賽的地點，同時也可以是居酒屋。

如果以「球場是為了觀賽」的觀點來看，讓觀眾座位背對打擊區的設計，簡直就是胡鬧到了極點。然而，考慮到棒球比賽真正的競爭對手，調整座位是非常合理的戰略。

消費者的真心話是「**比起看棒球更想要可以與人溝通交流的地方**」，因此真正的競爭對手是「居酒屋」。東北樂天金鷹重新檢視競爭對手，修正經營方向的結果，成功吸引以居酒屋為主要活動範圍的上班族，達成營運第一年便成功獲利的豐功偉業。

[2] 能容納四人的四角形座位。

Q05 「讀書補給站」是怎樣成為兩名考生中便有一位使用的熱門程式呢？

知名補習班業者倍樂生，由於無法增加通訊補習教材的會員人數深感苦惱。代代木研究會（代代木Seminar）也因為經營不善而縮小事業規模，日本補教業界產生了劇烈變化。

然而，人力市場夥伴公司（Recruit Marketing Partners）推出利用智慧型手機和電腦提供影片教學的「讀書補給站」（studysapuri，原為應考APP），並以驚人的速度攻佔市場，如今大學考生每兩人便有一人使用該服務。雖然補教業界曾經開發出各式各樣的參考書或題庫等商品，但卻沒有一項商品的爆紅程度比得上「讀書補給站」。

這個教學商品究竟有什麼秘密，讓考生深深感到「沒錯沒錯，我就是想要這個！」，進而造成轟動呢？

提示 明明就聽不懂，可是課程卻不能為自己停下來，聽得好痛苦……

A-05

學習的主導權由老師轉到學生手上

消費者的真心話

明明聽不懂，可是卻必須配合其他同學或教學進度，實在是很辛苦。希望能用自己的步調學習

企業的優勢、理念

不只讓有能力上補習班的都會小孩接受高水準的教育，偏鄉學生也應該擁有平等的學習機會

解決問題的關鍵

- 從反面思考，修正原本認為理所當然的習慣
- 讓市中心以外的偏遠地區孩子也能夠平等利用資源
- 只能聽一次的課程，無法充分發揮效率
- 不是讓學生配合老師授課，而是讓學生選擇課程

反向思考

「老師教導，學生學習」——這是我們從古至今習以為常的教育模式。老師決定學習的順序和進度，學生也相信老師會採用最能提升學習效率的教學方法。

然而這真的是最好的選擇嗎？明明聽不懂，卻必須配合其他同學或老師的教學進度，對於學生來說這是最好的教學方式嗎？答案當然是否定的。遇到困難的時候，如果有人能夠針對自己不懂的地方好好地講解說明，或是停下來讓自己消化思考所學的知識，毋寧更能增進學習的效率。

從古到今，幾乎所有人都認為是正確的「常識」其實有待商榷，在你的公司或許也有這樣的情況。在誰都覺得理所當然的大前提之下，**比起依循前例，孜孜矻矻地思考改善之道，試著從反向思考反而更有效果**。

翻天覆地的大改變，絕大多數是由新加入市場者所發起的。即便既有的市場參與者想守護原有的經營方針，這些劇烈的變化往往會摧毀過往的商業模式。為了不要淪落致此，縱使改變會帶來陣痛期，企業應該要更有遠見，用與現今截然不同的反向思考擬定策略。

數年前還是理所當然的事，如今卻已不適用的例子十分常見。比方說，越來越多的消費者不去錄影帶出租店，而是利用Hulu或Netflix等串流服務輕鬆觀看電影。如此一來就不用特地去歸還影片，即便晚還也不用支付逾期費。

消費者不會去迎合企業的經營模式，原因在於消費者有權利選擇更方便的生活。麻煩又不符合時代需求的商業模式，自然會被消費者所捨棄。

企業的優勢、理念

想提供偏鄉的學生平等教育機會

「讀書補給站」之父，也是人力市場夥伴公司董事長的山口文洋，深切感受到偏鄉學生的訴求：由於經濟因素無法去上補習班的學生，也希望擁有平等的教育機會。

「當我見到鄉下的高中生時，他們的訴求簡單說便是『東京的學生好賊』、『因為東京有很厲害的補習班，學校也很棒，我們打從一開始便比不上人家』、『我也想不輸給別人』，然而，這些孩子知道家裡的經濟狀況，『我也很想上補習班，可是想到家裡的情形，實在無法向父母開口』。」

聽到這些學生的心聲，讓沒有教育業界經驗的山口社長下定決心。

消費者的真心話

想依自己的步調讀書！

回想過去準備考試的時光，社團活動結束後也強忍睡意著，前往補習班上課的學生應該很多吧！過往的學生時代，課程內容往往只能聽一次；由於補習班學費很貴，即使很累也只能勉強自己去上課。然而，如果因為疲憊而無法集中精神，就算聽了課也很難展現成效，各位想必多少有這樣的經驗吧！

「讀書補給站」讓考生可以自由選擇上課的時間和地點。某位考生表示「由於可以反覆觀看課程，空檔時間也能夠有效利用。雖然有去補習班，但如果當天沒有精神就無法充分理解課程內容。配合自己清醒的時間，還能夠提升學習效率，實在是太棒了！」

發現疊合的部分

每月九百八十日圓，當紅講師課程任你聽

「**明明就聽不懂，可是卻必須配合其他同學或教學進度，實在是很辛苦**」，考生的真心話與企業想「**提供全國各地學生平等學習機會**」的理念疊合，透過網路讓學生隨時

選擇課程的「讀書補給站」於焉誕生。

「讀書補給站」讓學生自行選擇想觀看的教學影片，並且可自由「暫停」或「倒轉」。與過往學生配合老師的教學模式截然不同，學生可依自己的步調掌握學習進度。

如今日本五十六萬名考生中，有半數使用「讀書補給站」，其中十三萬人是月付九百八十日圓的付費會員。

Q06 十分鐘一千日圓的QB HOUSE為何沒有競爭對手？

全日本的美容院高達二十三萬家，數量甚至超越了便利商店。在競爭白熱化的市場中，QB HOUSE捨棄了多餘的服務，快速地攻佔市場。然而，為何既有的美容院或理髮廳沒有選擇提供同樣的服務呢？

提示 為什麼沒有競爭對手願意嘗試這麼簡單的事情呢？

A-06

以不破壞其他競爭者的高收益模式為前提，捨去剪髮以外的服務

消費者的真心話

我不需要刮鬍子或按摩肩膀，只要快點剪完頭髮就好了

企業的優勢、理念

並非讓理髮店迎合顧客的各種要求，而是提供快速又便宜的服務

解決問題的關鍵

- 既有企業不會捨棄目前的高收益，因此不會與廉價剪髮服務產生競爭關係
- 無論去哪裡的理髮店，從剪髮、剃鬍子到洗髮等步驟都要花上一小時，讓有些顧客心生不滿
- 受到顧客壓倒性支持而建立的商業模式，他人難以效法
- 被同業嗤之以鼻的同時，QB HOUSE建立客群基礎，確保優勢地位

「怎麼可能」和「原來如此」

對於QB HOUSE所推出的廉價剪髮服務，曾有同業抱持否定的看法，認為絕對不可能流行。這些既有的理髮業者以工作細膩自豪，他們仔細聆聽顧客需求，也認為顧客非常期待接受按摩等精緻的服務。

此外，如果要模仿QB HOUSE的經營模式，對既有的理髮店而言，意味著必須改變顧客少單價高的經營方式，轉為增加來店顧客、降低單價的模式。

如此一來，仰賴熟客的在地店家，就必須在行銷上耗費更多力氣。宣傳拉攏顧客及累積忠實顧客談何容易，雖然這些理髮業者對QB HOUSE嗤之以鼻，卻也無法仿效QB HOUSE的經營模式。

另一方面，對新的市場參與者來說，情況又是如何呢？首先要在全國配置專業理髮師有一定的難度。況且要提供十分鐘一千日圓的服務，必須提升工作效率，掌握細微技巧；凡事只考慮價錢，最後只會落得賠本的下場。看到這裡，想必各位讀者也明白到提供廉價理髮服務的確不簡單。

即便不被其他同業看好，QB HOUSE仍持續累積經驗和技巧，拓展店面、花費時間與顧客建立關係，獲得最終成功。

說到市場競爭，當市場上有優秀的戰略出現，其他參與者很快就會模仿，讓競爭變得白熱化，這就是所謂的「紅海」。

為此，神戶大學名譽教授吉原英樹表示，**比起具有合理性的「原來如此」戰略，讓人覺得「怎麼可能」的看似不合理策略反而更能在市場上勝出**，這點也充分展現在QB HOUSE的勝利上。

企業的優勢、理念

不過是想剪個頭髮，為什麼要花上一小時？

推出QB HOU SE服務的QB net公司創業者小西國義元會長，由於時常在全國各地奔波，發現某種現象。

不論何處的理髮店，都必須進行剪髮、刮鬍子及洗髮等步驟。連等待時間在內必須花超過一小時。「非得要浪費一小時不可嗎？」，他對此感到懷疑，也在其中發現商機。

消費者的真心話

只要把頭髮整理好即可

說實話，消費者不需要洗兩次頭，也不需要按摩肩膀，更會自己刮鬍子。對於趕時間、做生意或從事金融業需要注意儀容的人而言，浪費太多時間反而讓他們覺得不高興。「比起刮鬍子或按摩肩膀，我更希望快一點剪完頭髮」，「我不需要昂貴的美髮沙龍服務，只是想把頸後的頭髮整理好而已」，這些客人需要的是輕鬆又快速的理髮服務。

發現疊合的部分

只要一千日圓「在十分鐘內將頭髮打理好」

一般美髮沙龍提供的洗髮和刮鬍子等服務，顧客可以在家自己做。QB HOUSE 捨去這些不必要的部分，只保留了剪髮服務。

一般的美髮沙龍如果只提供剪髮服務，花費的時間也大概是十到十五分鐘，和 QB HOUSE 其實差不了多少。

對於消費者而言，不需要無謂的等待時間和多餘的服務。我們可以發現，消費者的需求恰巧和 QB HOUSE 的優勢疊合。

二〇一六年六月，QB HOUSE的店鋪數量在日本國內達到五百一十五家，國外一百零八家。每年來店消費的人數，海內外合計超過一千八百萬人。

從QB HOUSE的例子我們可以發現，**看似莽撞的戰略，對於其他聰明的業者來說其實是難以模仿的計策**。

所以，這些聰明人的短處提供競爭對手趁虛而入的機會。近來原由樂天市場所打造的網路平台經營模式，由於「怎麼可能」策略陷入了苦戰。樂天透過收取中小企業網路店面的開店費，以及交易手續費提高收益，然而像「base」、「stores.jp」等網路平台完全免除開店費，任何賣家都可以輕鬆利用這些平台銷售物品。

受到這股風潮影響，雅虎購物也決定免收開店費，將收益模式轉到廣告上。雅虎購物的店鋪數量二〇一四年九月為十九萬家，僅一年時間便上升到三十四萬家。另一方面，樂天的店鋪成長卻停滯不前，維持在四萬家左右。

很明顯地，隨著店家數量日漸增加，網路平台對消費者來說也會越來越方便。雅虎購物捨棄原本是收益來源的開店費，看似「怎麼可能」的荒謬策略，結合優勢廣告收入的「原來如此」策略，成功地趁虛而入。

第2章

在重重限制中找出「解決方法」的思考能力

企業即便面臨「沒有錢」、「沒有人才」等各種限制，為了在商場上存活仍得持續奮戰。就算少子化導致大學考生人數遽減，近畿大學的報考人數仍不斷增加。另一方面，由於預算因素，沒有明星動物作為看點的旭川動物園卻吸引大批遊客。由此可知，「有」或「沒有」並不是理由。在這個章節，讓我們來思考充分運用現有資源解決問題的方法吧！

Q 07

除偏差值[3]以外，最多人報考近畿大學的原因為何？

位於關西的近畿大學排名雖非頂尖，近年來卻成為日本全國報考人數最多的大學。

近畿大學擁有不同於其他私立大學的優勢，成功抓住多數考生的心。近畿大學所擁有的優勢到底是什麼呢？

提示 尋求偏差值以外的評價標準。

3 日本對學生學力的評斷方式，利用統計學方法計算出考生落點數值。類似台灣的PR值，偏差值越高者通常學力也越高。

A-07

打出「近大黑鮪魚」的招牌，以「成為在社會上活躍的人才」作為號召，引起考生共鳴

消費者的真心話

當親戚或周圍的人問起為什麼要選近畿大學時，能夠說出明確的理由

企業的優勢、理念

擁有醫學院和藥學院，從二次大戰結束後投入水產養殖，學校想運用實學教育[4]教導學生

解決問題的關鍵

- 比起主張，可靠的「根據」更能引起消費者共鳴
- 學校必須創造偏差值和就業率以外的價值
- 如果錄取第一志願以外的學校，學生的心中對第一志願仍然會有所留戀，無法真心喜歡考上的學校
- 光只是提出學校優點不夠，必須加上值得學生信賴的確實理由

疊合的技術

打造值得信賴的理由

許多企業或商品會打出本身不具備的優點做為訴求。然而，消費者看到這類過度彰顯優點的廣告，馬上就會發現其中的虛假之處。說起來，空有口號或訴求實在很難讓人信任。

重要的不只是「訴求」，而是讓消費者能夠信賴的「理由」。

以市場行銷來說，便是Reason to believe（值得相信的理由）。重點在於將這些理由搭配可靠的故事，一同傳達給消費者。

在這個例子中，「值得相信的理由」是疊合部分的黏著劑。即便找到疊合的部分，如果提不出可靠的事證，很快就會失去消費者的信賴。「值得相信的理由」與競爭優勢成正比。

舉例來說，如果告訴你有個新上市的口香糖對牙齒很好，你會相信嗎？長時間咀嚼

4 實用與實踐的教育。

口中的口香糖，想必許多人都覺得其中的糖分會對牙齒有害吧？

打破世人常識的是樂天的木醣醇口香糖。搭配有助修復牙齒的木醣醇口香糖，成功讓消費者養成飯後嚼口香糖的習慣。假設廠商只說「這個口香糖對牙齒很好」，絕對無法取信於人。由於木醣醇的功效值得信任，才讓想預防蛀牙的消費者接受樂天的口香糖。讓企業的主張與消費者需求緊密結合，不愧是大型口香糖廠商所運用的策略。

企業的優勢、理念

在人人有大學可念的時代，必須找出獨特定位

根據日本文部科學省的資料顯示，一九九〇年日本的十八歲人口約有二百零五萬人，二〇一四年減少到約一百一十八萬人。雖然人口減少，私立大學數量反而增加，人人有大學念的時代即將到來。

近畿大學於關西的排名並非頂尖。關西學院大學、關西大學、同志社大學及立命館大學合稱「關關同立」，為關西頂尖的私立大學。長年以來近畿大學的排名始終低於這四間學校。

靠提升偏差值來決勝負並不怎麼明智，**重點是如何找到自身的定位**。

就算以「實學教育」作為訴求，考生還是傾向用偏差值、就業率和學校名聲來判斷是否該選擇這間學校，「實學教育」的訴求與考生需求的疊合並不緊密。

消費者的真心話

想以自己選擇的大學為榮

根據近畿大學二〇一三年的問卷調查，有三成的新生並非以第一志願入學，而是以第二志願進入近畿大學就讀。

考上第一志願固然值得誇耀，周圍的人也會對自己刮目相看。不過如果沒能考上第一志願，就像是與「前途似錦大學生」絕緣似地；念念不忘沒能考上的學校，也無法真心認同所就讀的學校。

發現疊合的部分

作為實學教育招牌的「近大黑鮪魚」

全世界首創全程人工培育黑鮪魚成功的就是「近大黑鮪魚」。即使許多研究所都已經放棄全程人工培育黑鮪魚，但近畿大學經過三十多年的苦心研究，終於實現不可能的任務。以往近畿大學以實學教育作為宣傳，但難以從眾多學校中脫穎而出，關鍵在於缺乏讓考生及學生信任的實例。

然而，「近大黑鮪魚」的誕生，讓近畿大學的「實學教育」變得更有說服力。近畿大學「**想以偏差值以外的特色一決勝負**」的理念，與考生「**想以自己選擇的大學為榮**」的需求疊合。

不過如果認為「近大黑鮪魚的成功不過是偶然」，那可就大錯特錯了。

近畿大學也設有醫學院及藥學院，即便在關西也是少有的綜合私立大學，擁有雄厚的實力。二次大戰結束後不久，近畿大學便成立水產研究所。該研究所為了解決糧食不足的問題，發展水產養殖，展現實際成果；並實踐「實學教育」的理念，「近大黑鮪魚」由此誕生。

二〇〇三年近畿大學成立新創事業「近大海產公司」（株式会社アーマリン近大），開始販售近大黑鮪魚。此外，二〇一三年也於東京、銀座和大阪開設養殖魚專門料理店「近畿大學水產研究所」，並讓學生參與實際經營。

這就是近畿大學所展現出的「實學教育」。如今報考近畿大學人數已經超越東京的頂尖私立大學，高達了十萬五千八百九十人，位居全日本之冠。

活用既有的商業優勢吧！

Q08 停車場管理公司「普客二四」汽車共享模式的獲利秘訣為何？

「加入市場很簡單，但要經營得有聲有色卻很困難」，這就是汽車共享業界的現況。然而停車場管理公司「普客二四」（パーク24株式会社）作為後起之秀，絲毫不輸給歐力士汽車（オリックス自動車株式会社）等知名大型企業，獲利頗豐。

向來不使用汽車共享服務的消費者，為何願意接受普客二四的服務呢？

提示 汽車共享服務讓人覺得麻煩之處？

A-08

想用時馬上就能借到車，在某些地區集中設置汽車共享服務站

消費者的真心話

特地去借車很麻煩，但是如果很近的話就能輕鬆享受服務

企業的優勢、理念

在日本全國有一萬四千個停車場

解決問題的關鍵

- 活用全國一萬四千個停車場的優勢
- 對於單一使用者來說，無論企業在全國的據點有多少，都比不上服務站就在自己生活環境周遭來得方便
- 消費者不是不想接受汽車共享服務，而是由於租借不易導致消費者興趣缺缺
- 消費者還是需要車子，只要讓汽車共享服務更加便利就可以了

試著從微觀角度出發，集中事業資源

有的改變看似微不足道，所帶來的影響卻不可小覷。日本二〇〇二年便已有汽車共享服務，然而對一般消費者來說，不過是偶爾會在電視上看到而已，幾乎沒有人會經常使用。

這是為什麼呢？難道是「日本沒有汽車共享文化」這樣令人喪氣的理由嗎？事實並非如此，只是因為當消費者想使用汽車的時候，沒辦法立刻利用汽車共享服務實現需求罷了。

汽車共享業者為了在全國普及，四處設置汽車共享服務站。但是結果與企業的期望背道而馳，沒能提升消費者使用共享服務的意願。

當規劃事業的時候，嚷著「推廣到全國」當然是很好聽，但是對於使用者而言真的是這樣嗎？比起全國，當然是在自己家附近就有服務據點比較重要。

總想著要大範圍規劃事業，很容易便會傾向「在全國推廣汽車共享服務」。但如果以微觀的角度，也就是站在使用者的觀點來看，「就算在全國都有據點，對我來講借車還是很不容易，希望更能輕鬆地借到車子」，這點才是最重要的。

擁有環顧全局的視野，另一方面也從使用者角度出發，將事業資源集中在重要的地方，是企業得以成功的關鍵。

企業的優勢、理念

進一步發展原有停車場事業，帶來更多商業化契機

普客二四與地主簽約，推出計時收費停車場服務。即使未實際擁有土地也能在全國拓展事業，正是這種商業模式最厲害之處。對地主而言不會白白荒廢土地，普客二四的配合方式也十分簡單，只要整理停車場、布置黃色看板，地主每個月便可有一定收入進帳，十分受到地主歡迎，普客二四因而在日本全國擁有一萬四千個停車場。

但如今車輛的銷售量難以提升，如果想讓收費停車場獲利，不只是要增加停車場的數量，也必須讓單一停車場的營收上升，汽車共享服務便是可能的選項之一。

消費者的真心話

如果離家近一點的話，就會想利用租車服務

「有車雖然方便，但也沒有到非買不可的程度」想必不少人都有這種想法吧？一旦

買了車，就要負擔稅金、保險費、油錢和驗車費等，要花上一筆不小的開銷。一般人免不了有所遲疑。

市中心的大眾運輸工具很便利。但就算再怎麼便利，也難免會有「想去接送小孩」、「想去ＩＫＥＡ買個東西」的想法。像這種情形，如果有車就會方便許多。但由於提供車輛的地點有些距離，想使用汽車共享服務時，步行十五分鐘以上是常有的事情。只不過是想用個十五分鐘的車，竟然要先步行十五分鐘也實在太蠢了，讓消費者對汽車共享服務興致缺缺。

如果想租車也多半以半天為單位，搞不好還要搭電車才能抵達離住家最近的租車公司，對消費者來說並不方便。

就算消費者想租借汽車，也往往會因為麻煩而打退堂鼓。「這種時候如果有車就好了」，消費者的願望始終沒有得到滿足。

發現疊合的部分　只要走幾分鐘就能借到車子

普客二四的董事川上紀文表示「只要分析我們手中現有資料，就可以發現搭乘車輛的人並沒有減少。那麼，消費者為什麼不選擇汽車共享服務呢？原因可能是『缺乏與車子的接觸點（touchpoint）』或『沒有企業提供我所需要的服務』。運用普客二四的汽車共享服務Times plus（現為Times car plus），讓人們得以輕鬆借車到想去的地方，想必也有人重新體會到汽車的魅力，進而願意買車吧！」

消費者仍然需要汽車，只是對汽車的需求並不等同於要擁有汽車。

消費者「**只是想搭個車而已，實在不想為了借車特地走十分鐘**」的念頭與企業「**活用一萬四千個停車場**」的優勢疊合，汽車共享服務逐漸深入人們的生活。

用微觀角度檢視，重新收斂視野、集中資源，讓事業拓展新的可能性。

Q 09

日本交通公司如何讓顧客不論身處何地都願意打電話叫車？

現今的計程車業界面臨供過於求的窘境，而像優步（Uber）等派車平台所提供的服務，更為計程車業界帶來翻天覆地的大改變。

日本交通公司從零開始，奮力在變化劇烈的計程車業界中求生存。重新檢視「計程車」行業的意義，規劃、改變計程車與乘客之間的關係。日本交通公司究竟要往什麼方向前進呢？

提示

過往沿路攔計程車的情景已不復見。

放棄隨機「偶然」機會

A-09

以「陣痛計程車」為首的派車服務

消費者的真心話

如果能將自己和家人託付給熟悉值得信賴的公司，便能安心地前往各處

企業的優勢、理念

揮別偶然的商機，從「隨機搭乘的計程車」變成「消費者選擇的計程車」

解決問題的關鍵

- 想打倒競爭對手之前，先思考打倒自己的方法
- 隨機提供服務，無法和其他公司做出區別
- 消費者也有需要計程車立刻來的時候
- 如果成為消費者選擇的計程車，等於確保了後續收益

為了打倒自己能做些什麼？

公司必須思考做哪些事可以打倒自己。難道不是只要想著「要怎樣才能打倒對手」嗎？不對，不僅是這樣而已。

我曾任職的商品製造商中，有開設工作坊讓學員學習站在對手的角度，討論有哪些策略可以擊垮自家公司，藉此擬定公司戰略。**先思考如何打倒自己，如此一來，在發生問題前便能先找出弱點所在。**

日本交通公司為了超越自己，成為更強的計程車公司，反覆否定自己。

不斷反省自己的日本交通公司，決定放棄隨機攔車的不確定商業模式，選擇用派車APP作為公司嶄新的生存之道。乘車的起跳金額也調降，東京23區與武藏野市、三鷹市等地，從原本的二公里七百三十日圓，降低到一公里四百一十日圓。日本交通公司察覺消費者選擇公車或鐵路等其他交通方式的原因之一，正是覺得計程車的起跳金額昂貴。雖然費率向來被認為是不能觸碰的禁區，日本交通公司也願意否定原有收費方式並做出改變。

企業的優勢、理念

從「隨機搭乘的計程車」變成「消費者主動選擇的計程車」

日本交通公司創立於一九二八年，是日本老字號的計程車公司。當二〇〇〇年第三代董事長川鍋一朗進入公司時，公司負債高達一千九百億日圓，瀕臨破產邊緣。此外，由於業界競爭者眾多，對於消費者而言「選哪家的哪台計程車都沒差」。

「能載到等車的客人真是超幸運的！」「雨天賺得多，一切都要感謝老天爺」，川鍋董事長對於公司向來的思考方式瞠目結舌，開始思考能讓計程車公司持續經營下去的新出路。

在這裡川鍋董事長看見一個可能性，就是從「隨機搭乘的計程車」變成「消費者主動選擇的計程車」。至於應該要如何才能被消費者選上呢？日本交通公司的挑戰從此開始了。

消費者的真心話

想帶孩子去才藝班，可是雙薪家庭實在不方便……

「雙薪家庭要帶孩子去上才藝班真的很不方便」「我的腿和腰都不好，要去超市買東西很辛苦」，可見日常生活中即使短距離移動也會帶來不便。

沒有自家車的家庭應該會叫計程車。但是，如果不是位於主要幹道附近根本沒辦法馬上叫到計程車。以往的消費者選擇哪一台計程車，完全仰賴偶然機運。

疊合的技術

陣痛開始後迅速抵達的「陣痛計程車！」

迄今的消費者搭計程車全憑偶然，有需要的時候沒辦法隨叫隨到，服務品質也只能碰運氣。這也代表各家計程車公司擁有的機會是同等的。

日本交通公司以「從隨機搭乘到選擇計程車」為願景，希望消費者不論路上有多少計程車，都願意特地打電話到日本交通公司叫車。此外，無論在哪裡都可以叫車的派車APP也大受好評，並進一步推廣到了全國。

另一方面，日本交通公司也因應乘客的需求，提供特別的派車服務。像陣痛時馬上就來的「陣痛計程車」備受稱讚。只要事先輸入載客地點和醫院資訊，往返醫院時或陣痛開始時也可以立刻派出車輛。

另外也有來往於學校、補習班和住家之間的「孩童計程車」等，配合消費者需求提供各種細心的服務。

消費者真心話「**希望從不知會搭到怎樣的計程車的不安中解脫，放心地乘車**」，與日本交通公司的戰略「**免於依靠駕駛的經驗與運氣，跳脫等待消費者隨機搭乘的不安定商業模式**」疊合，讓日本交通公司成為被消費者選擇的公司，獲利也隨之成長。

以弱勝強

Q10

十八萬人口小鎮何以搖身一變成為與大都市齊名的觀光勝地？

位於西班牙，人口約十八萬人的聖．賽巴斯坦（San Sebastián／Donostia-San Sebastián）。別小看這個小小的城鎮，以人口比率來看，它可是米其林星數排名世界第一的地方。

究竟是怎樣的思考方式，使得聖．賽巴斯坦搖身一變，成為足以和巴黎、巴塞隆納、佛羅倫斯等大都市一較高下的城市呢？

提示 小魚群聚不輸大魚。

A-10

公開食譜，提升城市整體餐廳水準

消費者的真心話

不會因特定店家而到默默無名的景點觀光。但如果是美食之旅，倒也值得一試

企業的優勢、理念

難得有這麼多優秀的餐廳，真想讓全世界的觀光客都見識到我們的厲害

解決問題的關鍵

- 比起隱藏資訊，公開分享更能匯集有用的情報
- 餐廳間別只想著搶客人，而是思考能帶給觀光客的旅遊價值
- 私房景點比起主流的觀光勝地多了物以稀為貴的優勢
- 化敵為友，將戰場提升到更高層次

「給予」帶來的成功

在商場上提供他人資訊可能會損及自己的權益，想必不少人都這麼覺得。然而事實真的是如此嗎？

聖．賽巴斯坦的例子告訴我們反其道而行的道理。**與其計較微不足道的勝利，不如化敵為友、不再隱藏資訊，透過彼此的交流互動，創造更廣闊的可能性。**

程式設計業界從早期便有「開放原始碼」的想法。藉由開放原始碼，使程式設計者彼此互助，合作開發軟體。

電腦作業系統Linux開放原始碼，讓任何人都可以進行改良，如今已有十幾萬人參與。集眾人之力改善設計，Linux也變得越來越容易使用。

資訊和技術也是相同的道理。眾人利用開放資源創造出新的組合，提供資訊的一方更可以藉此收集更多資訊，擴展自身事業。

企業的優勢、理念

比起微不足道的較勁，更希望吸引觀光人潮

聖．賽巴斯坦沒有什麼特別的觀光資源，難以帶動觀光人潮。識途老馬當然知道何處可吃到在地美食，然而對一般觀光客來說，世界上以美食聞名的城市有巴黎、巴塞隆納、佛羅倫斯等，沒有特地到西班牙鄉下小鎮一遊的動機。

但是西班牙人，特別是巴斯克人特有的開闊心胸帶來了轉機，不像法國廚師傾向隱藏獨門食譜，共享食譜的文化改變了聖．賽巴斯坦。

為了讓更多的觀光客到此一遊，聖．賽巴斯坦致力於提升整體城市的餐廳水準。

消費者的真心話

真想來趟美食之旅

說起來，會因為特定的店家而動身前往偏僻之鄉的旅客寥寥無幾，然而，如果目的是來趟美食之旅又會有什麼改變呢？

只要來到這個城市，不管到哪家餐廳都能吃到美味的食物，也可以盡情到不同餐廳大快朵頤。深受美食吸引而來到聖．賽巴斯坦的觀光客人數持續增加也是理所當然的

事。

也會有許多觀光客將可以享用美食的城市之旅當作一種娛樂消遣。

況且，如果對別人說「我去過巴黎喲！」根本一點都不稀奇。如果到聖・賽巴斯坦來趟美食之旅，就可以向同事和親友炫耀，適合「想來趟不一樣的旅行」的觀光客。

發現疊合的部分　能夠在許多店家滿足不同味蕾的美食之城

最近將聖・賽巴斯坦列為西班牙旅遊景點的觀光客越來越多。觀光客得以在聖・賽巴斯坦的各個地方享用美食，全都要歸功於當地餐廳業者共享食譜。

法國和義大利餐廳如今仍然沿用學徒制，絕不讓外人瞧見獨門食譜。但聖・賽巴斯坦的作風完全不同，餐廳經營者願意公開自己的食譜，與同業切磋廚藝。

因此，聖・賽巴斯坦每間餐廳的餐點皆是美味佳餚，成為眾所皆知的美食城市，僅憑單一店家無法吸引眾多觀光客，但眾多餐廳所帶來的觀光人潮相當驚人。各個餐廳也會準備縮小版的迷你餐點，如此一來觀光客便能盡情在多家餐廳享受不同美食。

我總想著哪天也要去聖・賽巴斯坦觀光，近年來身邊前往該地旅遊的人也越來越多。他們回國後總是興高采烈地談論遇見巴斯克人的種種、生火腿專賣店和罐頭魚專賣店等旅遊趣聞。

觀光客「**想來點不一樣的旅行**」的想法，與聖・賽巴斯坦餐廳「**讓客人享受各式美食**」的理念完美疊合，在以美食之旅為目標的觀光客眼中，如今聖・賽巴斯坦是個處處皆有美食的知名觀光勝地。

經過約十年的時間，現在如果以人口比率計算，聖・賽巴斯坦已搖身一變，成為米其林星數世界排名第一的國家。

從B to C到B to B

Q11

為何日本上班族會捨棄星巴克，轉投向雀巢咖啡機的懷抱？

全日本有多達五百萬台的自動販賣機，但辦公室裡的自動販賣機一旦裝好後多半不會汰換，因此率先進入市場的廠商擁有壓倒性的優勢。

況且，如果目標是辦公室用的自動販賣機，此時的商業模式便是企業間的交易，對於雀巢這樣原以消費者為主要客群的企業而言，逆轉劣勢想必非常困難。

然而，雀巢仍然成功打下辦公室咖啡市場。這究竟是如何辦到的呢？

提示 就算裝置地點是企業辦公室，但是「企業」真的是首要考量嗎？

A-11

讓雀巢的使用者進一步成為「雀巢大使」

消費者的真心話

星巴克或塔利咖啡等店家咖啡價格較高，只喝罐裝咖啡又覺得若有所失，如果有沖泡容易的現泡咖啡就太棒了

企業的優勢、理念

為了提升雀巢的銷售額，不只以一般消費者為目標，也想打進辦公室市場

解決問題的關鍵

- 規劃企業的資源配置時，先別以目標客群（消費者或企業）作為劃分標準，而是先檢視企業內部的資源
- 讓已是雀巢愛用者的人們協助拓展業務
- 買個咖啡還得特地離開辦公室實在很麻煩，可是單憑罐裝咖啡又無法滿足需求
- 免費出借咖啡機，以銷售咖啡粉做為主要收入來源

疊合的技術

放下先入為主的觀念，重新擬定戰略

一般來說，以消費者為主要目標客群的企業（B to C），如果想將目標轉向企業（B to B），開拓新的市場，往往會先成立拓展企業客戶的特別團隊。然而雀巢沒有先劃分目標客群，而是先檢視公司內部的資源。

仔細想想，在辦公室喝著咖啡的商務人士，就算是公司總務長下班回家也只是個普通的消費者。既然如此就沒有必要從企業間的關係著手。與其將焦點放在與其他企業建立穩固關係，不如讓原有的雀巢愛好者協助拓展業務。雀巢從不同的觀點出發，發現了另一種可能性。

放下先入為主的觀念，拋下過往以企業為客群便要成立特別團隊的思維，讓雀巢擬定出截然不同的戰略方針。

企業的優勢、理念

想打入辦公室的咖啡市場

雀巢希望將咖啡市場拓展到一般消費者以外的辦公室市場。但不論是人數或經驗都比不上辦公室市場的既有參與者，況且企業之間的契約難以更動，對晚加入的廠商非常不利。如果不另闢蹊徑，實在很難實現打入辦公室市場的目標。

消費者的真心話

真想要輕鬆的濾泡式咖啡啊！

星巴克和塔利咖啡（TULLY'S COFFEE）價格都不低，想喝還非得出去買不可。但只喝罐裝咖啡又讓人覺得不開心。如果能輕鬆喝到現泡咖啡就太棒了，不過市場上卻缺乏這類型的商品。

發現疊合的部分

雀巢大使 Nescafé Ambassador

雀巢開始免費出借咖啡機給想輕鬆品嘗現泡咖啡的辦公室消費者。比起成立以企業為目標的特別團隊，雀巢選擇免費出借咖啡機，以咖啡粉費用作為收益來源，可說是完全以消費者為導向的行銷策略。對於使用者而言，能夠免費得到咖啡機，在辦公室輕鬆享用自己喜歡的雀巢咖啡，締造雙贏的結果。

雀巢也募集公司內部的雀巢咖啡飲用者，讓他們成為「雀巢大使」。雀巢大使協助雀巢收取咖啡粉費用和管理咖啡機等等事務。雀巢創設了即便不設置自動販賣機也能運作的商業模式，並獲得相當高的收益。

Q12

沒有動物明星的動物園怎麼讓參觀人數倍增？

北海道旭川動物園以前每年入場人數約二十六萬人，是個位於旭川市的小型動物園。然而，二〇〇七年的入場人數高達了三百萬人以上，現在每年入場人數約一百五十萬人，搖身一變成為日本數一數二受歡迎的動物園。

沒有經費，也沒有貓熊或無尾熊等動物明星的旭川動物園，吸引顧客到訪的策略究竟是什麼呢？

提示

一整天都在睡覺的貓熊，也會讓遊客失去熱情。

改變戰術法則吧！

A-12

佈置出能讓動物變得更加活潑的場地吧！

消費者的真心話

不管去到哪個動物園，動物們都在睡覺。想讓孩子看到活生生的動物在眼前活躍的模樣

企業的優勢、理念

動物的有趣之處在於牠們有時會做出意料之外的行動，這正是動物們的魅力所在！

解決問題的關鍵

- 既然資本贏不過別人，就靠改變戰術法則來一決勝負！
- 致勝的關鍵藏在動物園，線索就在展場中！
- 想親身感受圖鑑或影片沒有的生動體驗，就來動物園吧！
- 即便是常見的動物，若能親眼看到牠們充滿活力的模樣，走一趟動物園也值得

改變原有的戰術法則

「為了招攬更多遊客，必須展示動物明星，藉此吸引遊客的目光。」這是動物園業界心照不宣的法則。從現實觀點來看，資本雄厚的動物園能購買動物明星並藉此招攬更多遊客，小型動物園則常苦於無法吸引遊客上門。

然而，如果遵循同樣戰術法則競爭，像旭川動物園這樣地方上的小型動物園實在難以在動物園間的較勁中獲勝。

身為弱者在面臨挑戰時，重要的是制定屬於自己的戰術法則。如果遵循先前他人制定的法則，強者早已做好萬全準備；如能制定新的法則，便能以對自己最有利的方式來戰鬥。

時至今日，無論想打入哪個市場都必須面臨激烈的競爭；因此制定與調整有利自己的規則，可以說是在市場上站穩腳跟的必要條件。

企業的優勢、理念

最有趣的賣點不是貓熊或無尾熊，而是動物的自然行為

沒有資本又不具地理優勢的旭川動物園，只能憑現有的資源來應戰。由於缺乏資金，園內無法進行精細分工；從飼養動物、規劃活動與展示等，都必須仰賴現場的工作人員同心協力。正因如此，工作人員都充分感受到動物的魅力與是否為明星無關，而是在動物本身無法預期的各種可愛動作。動物自然的行為舉止就是最大的魅力所在！

消費者的真心話

想看到真實的動物們在眼前活躍的模樣

不管去哪個動物園，動物們都看起來懶洋洋地一動也不動。如果要看不會動的動物，翻圖鑑就可以了。以父母的觀點出發，難得帶孩子來動物園玩，想讓孩子們看見活生生的動物們在眼前活躍的模樣。

發現疊合的部分

不用展示明星動物，而是展現出動物們的自然行為

能夠讓遊客親眼看見動物盡情游泳、玩耍、飛翔等姿態，這才是真正有意思的動物

園。不需要購買動物明星，只要讓既有動物展現出原有的活力，讓遊客親眼目睹動物們活躍的景象，使孩子們擁有透過圖鑑無法獲得的寶貴經驗，這正是動物園能創造出的價值。

在企鵝池中設計海底隧道，讓野狼在與自然相近的環境下自由活動，旭山動物園成功地讓現有的動物發揮最大的價值。

第3章

學習運用「共鳴戰略」創造價值吧！

一樣米養百樣人。世上每個人的想法和價值觀都不同，你眼中的垃圾可能是別人眼中的寶物！東京R不動產使中古屋發揮不輸給新成屋的價值，面臨廢線的地方支線「夷隅鐵道」，運用策略重獲新生。消費者對商品或服務的共鳴能創造出不一樣的「價值」，讓我們一同來思考以下的例子吧！

新成屋和中古屋以外的第三種可能性？

Q 13

東京R不動產如何讓中古屋價值不輸新成屋？

東京市中心不僅新成屋價格高漲，連中古屋的價格也重新飆高。只販售中古屋的不動產網站「東京R不動產」在市場上備受矚目。

在東京R不動產的網站上，有屋齡數十年的住商混合大樓或老舊大樓，如果用屋齡新舊作為選擇標準，這些房子看起來實在缺乏吸引力。

但是，選擇這些房子的顧客並不執著於屋齡。「東京R不動產」究竟傳達了什麼價值給顧客，進而讓顧客願意買下中古屋呢？

提示　既然都要買屋，要用什麼心情買下中古屋呢？

A-13

別只從「新成屋」和「中古屋」出發，「中古屋翻新」也是選項。讓顧客了解，最重要的是「選擇適合自己的房屋」

消費者的真心話

不是指定要買中古屋，而是想要和自己價值觀相合，富有個性的居住空間

企業的優勢、理念

中古屋可以不只是中古屋，而是擁有獨特風格的物件

解決問題的關鍵

- 跳脫原先二擇一的思考方式
- 不動產的價值不只在於屋齡新舊與否，而是背後的價值觀
- 別忽視正在尋找合適居住環境的人們
- 消弭因買不起新成屋所以只好買中古屋的「退而求其次」心理

在「二選一」之前

「社會新鮮人」和「職場老鳥」，「購買」和「租借」；包括不動產在內，市場上劃分「二選一」的前提不勝枚舉。

透過合理的方式分類，往往會排除位於中間的第三種可能。但我認為這不是有智慧的作法。

真正有智慧的人能接受世上還有自己不了解的事物，藉由思考一步步導出第三種可能性。

比方說角川多玩國（KADOKAWA）公司的董事長川上量生，超越了簡單的二擇一概念，將眼光放在Youtube等新創事業驚人的成長力道，不妄下小看動畫網站的膚淺判斷。

「理論上做任何事都會有風險，很多人因此就選擇放棄不做。可是如果計算出風險發生的機率接近零，試試看不是比較划算嗎？」看似大膽的說法，背後卻隱含縝密的思考。

「niconico動畫」涉及著作權的問題，要轉化為收益也存在許多風險。但即便面臨了相當多的挑戰，他們仍沒有因而卻步，「niconico動畫」漂亮地獲得成功。

「做得到、做不到」，在進行二選一之前別忽略了其他重要的部分。**試著將焦點放在兩者間的灰色地帶，探索新的可能，這也是創造出新價值的重要思考方式。**

企業的優勢、理念　介紹新成屋以外的「好物件」

主角是哪個？「比起房間大小，更在意是否有寬廣的陽台」，「復古又涼爽，充滿懷舊風情」。在東京R不動產，我們可以看到各式各樣中古屋翻新物件。

不同於購屋網站向來以坪數和價格為主的呈現方式，東京R不動產每月點閱次數超過三百五十萬，在日本的不動產網站中名列前茅。

東京R不動產的負責人林厚見表示：「購屋一般可以從兩個標準來判斷，一個是價格合理的住宅，另一個是擁有強烈風格與獨到堅持，從中創造出美感的住宅。如果不能理所當然地將這兩項標準納入思考，將會使我們面臨文化的危機。但是擁有創造力，同時又兼具理性和效率、組織能力傑出的人並不多。理性的人對於具有創造性的事物不見得有興趣，擁有豐富感性的人也可能不擅長組織化作業。我認為我們的任務便是成為中間的橋樑，化解其中的衝突。」

新房子固然較堅固安全，但看著外觀如出一轍，缺乏趣味的超高層塔式住宅（Tower Mansion）逐漸增加，東京R不動產公司認為不動產的價值絕非僅止於此，並試圖將此理念傳達給計畫購屋的消費者。

消費者的真心話　不是因為預算不夠，而是買下中意的房子

如果到超高層塔式住宅參觀，房仲業者想必會跟你說「東京奧運之前價格還可能再上漲，現在買很划算」吧！

不過，消費者真的會因房屋有可能漲價，就被勾起買房的念頭嗎？「住起來舒服嗎？」或者是「有具相同價值觀的鄰居嗎？」，消費者決定是否購買的背後有著許多不同的因素。

「新成屋」、「中古屋」不是唯一的標準。有些房子或許不完美，但住戶卻很中意。消費者的真心話，其實是想選擇真正適合自己的房子。

發現疊合的部分

不只是中古屋，而是獨一無二的選擇

當要以「中古屋」來和「新成屋」一決勝負之際，「中古屋」往往難以抹去「中古」這個名詞所帶給人的負面印象。因為買不起新成屋只好買中古屋，這種認知對於許多人而言並不是什麼愉快的事情。中古屋最大的挑戰，便是消費者揮之不去的「退而求其次」心理。

東京R不動產在既有的「新成屋」和「中古屋」的二擇一市場中加入「**中古屋翻新**」的選項，透過與迄今截然不同的切入點，使中古屋成為市場上的矚目焦點。

不是「老舊」房屋，而是「獨一無二」房屋。以與眾不同作為賣點，兼具獨特性與價格需求的商品創造出新的市場。

並非礙於預算只好選擇中古屋，而是想選擇「與自己的價值觀相契合，富有個人品味的居住空間」。

「**想要與自己的價值觀相契合，富有個人品味的居住空間**」，消費者的真心話與企業理念「**新成屋固然吸引人，但也想讓消費者關注屋齡高卻擁有文化價值的不動產**」疊合，創造出「中古屋翻新」的嶄新價值觀。

重要的事物近在眼前

Q14

JR東日本的大發現！除了鐵路本業外，讓公司更為壯大的可能性？

二〇〇〇年時JR（Japan Railways）東日本的每日運量已高達一千六百萬人次。雖然JR東日本公司希望能夠提高獲益，但人擠人的車廂已無法再容納更多乘客。既然如此，就必須尋找其他的財源。

當JR東日本重新檢視所擁有的資產時，他們終於發現自己最強大的優勢。那到底是什麼呢？

提示 搭電車回家的路上，必定會經過的地方是？

A-14

車站熙來攘往的人潮就是最大的資產

消費者的真心話

如果不用出站就能在車站裡用餐，又能順道買點東西回家，那真是太方便了

企業的優勢、理念

已經無法再增加乘客人數，既然如此就要另覓財源

解決問題的關鍵

- 有些事物看似可以捨棄，但改變觀點就會發現其價值所在
- 乘客人數已達上限
- 重新發現乘車旅客本身的價值
- 比起增加新乘客，更應以既有旅客為重點，思考新的商業目標

發現潛在的價值

以往JR東日本公司的眼中只看見「乘客」。

然而，眼前趕著上車的乘客很可能正打算去買個小禮物赴約，也可能是在外獨居者想順道吃頓飯後再回家；就這樣每天讓一千六百萬名乘客從車站經過實在太浪費了！

一旦堅持「我們只是鐵路公司」，即便眼前有龐大的資源，也無法進一步運用。

比方說，各位知道日本最大的食譜網站CookPad幾年前開展「嚐嚐看吧！」的新事業嗎？

用戶不斷在網站上搜尋每天想嘗試的菜色，如果能解讀這樣的大數據資料，便能看見食譜的搜尋趨勢。

食品公司的行銷部門對這份資料想必很有興趣吧！從搜尋資料便能明白用戶的動向，有助於開發新產品。

Cook Pad開展「嚐嚐看吧！」的事業，開始針對以食品製造為主的廠商，販售上述資料等無形資產。

就像豆腐店也會販賣豆渣和豆漿一樣，經營事業的過程中會產生許多看不見的潛在價值。重新檢視自己公司的價值，便能帶給顧客新的商品或服務，創造新的價值。

企業的優勢、理念

乘客人數已達上限，必須尋找新的收入來源

一九九三年時搭火車的旅客開始減少，連帶減少了運輸收入。

其他私人鐵路公司很早便開始從事百貨公司或不動產業等多角化經營，然而ＪＲ東日本並非如此。ＪＲ東日本有百分之七十的收益仰賴鐵路，因此，對於近來少子化、高齡化或團塊世代[5]的大量退休潮等社會現象是否會影響收益，ＪＲ東日本始終抱持高度危機感。

話雖如此，但在沒有辦法增加乘客的狀況下，必須積極開發新的收入來源才行。

消費者的真心話

只是想買點東西也要出站真是麻煩

「在回家途中想吃點東西，可是車站附近沒有什麼店家，」、「和朋友見面之前，想買個小禮物」像這樣看似微不足道的小願望，卻非得要等出站後才能實現。

況且有時根本無法預料下車的車站附近是否有符合自己需求的店家。就算向站務員抱怨也無法改善，乘客只能把不滿藏在心中。

車站只不過是個讓人潮經過的地方，站內的小型商店也只賣飲料、報紙或雜誌，無法期待在車站裡實現購物的願望。

發現疊合的部分

從讓人潮通過變成人潮聚集之處

二〇〇五年大型站內商場「Ecute大宮」在大宮站開幕，約二千三百平方公尺（七百坪左右，約為臺北車站的一．五倍）的範圍內有六十八家店，在站內也可購物。毋須猶豫是否要出站，直接往站內商場走去就可以滿足購物需求。

無論是前往目的地途中或是回家路上，都可以輕鬆地閒逛採買。可以享受一個人用餐和喝酒的樂趣，也能購買要送人的禮物，這就是站內商場的規劃理念。

5 指二戰後日本的戰後嬰兒潮世代。

以往JR東日本過於小看車站的人潮，如今他們發現這些旅客正是自己最大的資產。

以前如果想買東西，必須出站到百貨公司或零售店才有得買。但「Ecute大宮」讓乘客不用出站就可以購物。如此一來就能喚起顧客新的需求，成功讓乘客進一步轉為購物的客人。

如今注重顧客生命週期價值（Life Time Value，LTV）的經營方式逐漸增加，比起尋找新顧客，**更重要的是創造並提供新的價值，藉此滿足現有顧客的需求。**這個例子讓我們深刻體會到這一點。

Q 15

「Wii U」是如何成功打入日本家庭的客廳？

近年來網路社群遊戲當紅，家用遊戲機的銷量也隨之下降。

然而，任天堂卻走出自己的路，運用和網路社群遊戲截然不同的設計理念，創造出「Wii」和「Wii U」。

任天堂究竟是抱持怎樣的設計理念，開發出不一樣的家用遊戲機呢？

提示 從前的遊戲機影響的不是孩子的課業，而是更重要的事物。

遊戲機的優缺點？

A-15

打造不會讓母親生氣的遊戲機吧！

消費者的真心話

母親希望「總是窩在房間的孩子能到客廳來」

企業的優勢、理念

不是要和社群網路遊戲一較高下，而是要打造出受到全家人歡迎的遊戲

解決問題的關鍵

- 原本的提問或許搞錯了方向
- 遊戲機只是個礙眼的東西嗎？難道它真的沒有其他優點嗎？
- 母親希望能讓總是窩在房間的孩子到客廳來
- 讓遊戲機擔任家庭溝通的仲介角色

正確提問帶來正確解答

只顧著找答案無法得到正確解答。想得到正確的解答，得先提出正確的問題才行。

如果告訴你「必須在六十分鐘之內找到解決下列問題的方法，否則你就會沒命」，那你會怎麼做？愛因斯坦的回答是「先用五十五分鐘界定問題的本質」。

日本教育的弊病，就是讓孩子染上只會尋找答案的壞習慣。但是，商場上本來就沒有絕對的標準答案，提問的功力反而更為重要。**正確的問題能提升思考問題的面向，讓視野更為開闊。**以提出正確的問題作為出發點，近江商人所秉持的三贏準則「買方歡喜，賣方歡喜，世間皆大歡喜」就能發揮很大的作用。

如果Wii開發者所提出的問題層次是「要如何才能製造出更吸引孩子的遊戲呢？」，想必遊戲機現在絕不會成為客廳的好搭檔。

Wii開發者所提出的問題是「遊戲機能夠做些什麼讓家人的關係更為融洽呢？」提升問題的層次，開發出受母親歡迎的商品。

企業的優勢、理念

想讓遊戲機成為全家人在客廳的溝通橋樑

二〇一六年任天堂終於開發了「Miitomo」和「精靈寶可夢GO」等社群網路遊戲，然而任天堂的開發理念其實是「讓全家人時常使用遊戲機」。

以往小孩子在客廳佔據電視玩遊戲，玩完了也不收拾；對於其他家庭成員來說，家用遊戲機不過是個礙眼的東西。然而，以已故岩田聰社長為首的遊戲開發團隊，希望開發出超越刻板印象的遊戲，並在客廳發揮家用遊戲機的交流功能。

消費者的真心話

如果孩子願意到客廳來就好了

越來越多的孩子無論在電車或家中都獨自一人玩著網路社群遊戲，就算回到家也關在房間裡玩著手機遊戲，做母親的理所當然會感到不安。孩子難得在家的時間，母親希望孩子能到客廳來。然而，正值青春期的孩子很難察覺母親的心情。

以往母親會因為小孩佔據電視玩遊戲機感到不滿，但是，最近希望孩子能到客廳來的母親越來越多。

發現疊合的部分

打造出讓孩子願意留在客廳的遊戲機吧！

Wii U可以不用電視，單用把手上的控制器畫面遊玩。所以如果父母想看電視時，又要將遊戲畫面從電視切換到控制器就可以了，孩子可以利用手邊的控制器繼續玩遊戲。

以往孩子總是窩在房間玩網路社群遊戲，透過任天堂所打造的新形態遊戲機讓小孩走出房間。任天堂也巧妙地迴避了客廳的電視爭奪戰。全家人可以同時聚集在客廳卻各自做自己的事情，正是Wii U的高明之處。

任天堂促進家人交流的理念可見於Wii的各個功能，比方開發Wii留言版的玉木真一郎曾表示：「我希望『Wii留言板』能成為家人間溝通的媒介。缺少和家人相處時間的時候『Wii留言板』可以協助家族成員感受到彼此的存在。」

母親「**希望和孩子順利溝通的心情**」與任天堂「**希望遊戲機成為客廳中的必需品**」的理念疊合，讓Wii U成為家中的一部分。

Q16 曾面臨倒閉危機的「夷隅鐵路」如何增加乘客？

日本的民營鐵路公司中，能像東急電鐵或小田急電鐵等有獲利的其實很少。受到日本少子化、高齡化及人口流失的影響，許多地方鐵路支線被迫廢線。二〇〇〇年後廢線的地方支線便高達三十八條（資料來源：日本國土交通省，統計時點至二〇一六年四月）。

日本千葉縣的地方支線「夷隅鐵路」也曾遭遇連年虧損，甚至影響公司存續的危機。然而僅花數年的時間，「夷隅鐵路」的經營狀況便獲得大幅改善。

每到周末假期會有一群三十到四十歲左右的女性，特地搭乘「夷隅鐵路」前來觀光。為何什麼都沒有的鄉下地方支線能夠吸引年輕族群來訪呢？

提示 想利用難得的周末假期出去旅行，但到處都是人……

A-16

這裡的賣點正是「什麼都沒有」

消費者的真心話

「想從忙碌的工作中好好放鬆一下。」話雖如此，但能讓人徹底放鬆的地方其實不多

企業的優勢、理念

鄉下人口少的確是個大問題，然而鐵路的客層不僅限附近居民，市區民眾也能搭乘火車，當天來回

解決問題的關鍵

- 企業的常識不等於世間的常識
- 鄉下人口逐漸流失，如果只將招攬目標擺在當地居民毋寧自尋死路
- 靠近東京都心的觀光景點往往人潮洶湧
- 別強求自身不具備的條件，而是找出鄉下的新價值

運用「旁觀者觀點」

長期待在相同業界或公司，接觸到的人往往同質性很高，企業固有邏輯時常會對思考和行為造成強烈影響。從旁觀者角度來看覺得「咦？真難以理解啊！」的事，公司內部卻認為是理所當然；**缺乏以「旁觀者觀點」看事情，正是企業提供的商品服務和消費者需求間產生落差的主因。**

日復一日處在相同的環境，工作一成不變，思考自然而然變得僵化；然而問題出在當事人並不會察覺到自己已變的冥頑不靈。

此時從「旁觀者觀點」來思考就變的十分重要。優秀行銷專家腦中擁有著許多不同人格，不時會模擬思考「某人的意見」。

最簡單的例子莫過於「媽媽」人格。「媽媽」不擅使用科技產品，如此一來，我們便能推測出如果科技產品的說明太過複雜，「媽媽」可能根本無法理解。

我以前曾進行洗髮精開發，那時我每隔一段時間就會問自己「如果『媽媽』在藥妝店看到這個商品和說明，她能馬上理解裡頭的概念嗎？」，藉此確認開發出的商品能為他人所接受。

就如同啟動手機中的APP般在腦中啟動不同人格，如果能從「旁觀者觀點」出發的話，即便長年在相同公司任職也能客觀看待自己的產品。

企業的優勢、理念

希望有非當地居民的新客戶

二〇〇六年夷隅鐵道每年有五十萬人次的乘客，與一九八八年相比僅剩百分之四十五，每年虧損超過一億日圓，這就是當時夷隅鐵路所面臨的危機。

鄉下人口流失快速，光靠當地居民難以讓地方支線轉虧為盈；因此鐵路公司必須拓展新客戶。問題是當地沒有完備的觀光資源，只有一望無際的田園風光。這樣純樸的風景或許難以滿足要求高的團塊世代，因此夷隅鐵路將目標設定為嚮往寧靜生活，希望享受小確幸的三十歲左右女性。

消費者的真心話

難得出門旅行，到處都是遊客讓人覺得無法放鬆

「就是因為厭倦工作才想放鬆一下」、「想讓疲累身心獲得療癒」，如果這麼想的

話，與其選擇專門為觀光客準備的旅遊景點，不如選可以不做任何事，讓身心好好休息的地方。

然而，對於東京市中心的居民來說選擇其實不多。雖然輕井澤和箱根都是附近有名的觀光景點，但一遇到旅遊旺季便會大排長龍。

雖然市中心居民渴望休息，但是能悠哉度假的景點卻意外地少。

發現疊合的部分　什麼都沒有、什麼都不做，這便是一種奢侈

夷隅鐵路運用「旁觀者觀點」檢視自身能運用的優點。比起勉強找出觀光賣點加以宣傳，不如大方承認這裡「什麼都沒有」！「什麼都沒有」就是最大的賣點，搭火車欣賞田園風光就是最寶貴的價值。

夷隅鐵路改造車廂建置餐車，讓乘客一邊觀賞田園景色一邊用餐，從車票銷售一空的盛況可見其受歡迎程度。

「為了消除都市生活的疲憊想去鄉下走走」，這是三十歲左右女性的真心話。「什麼都沒有」也無所謂，只要單純享受田園風光即可。而可以當天來回的話更會被賦予「都

市後花園」這般獨特的定位。

人總是會特別在意自己的缺點，硬是強求自己沒有的東西，試圖彌補潛在的自卑感。然而，不論再怎麼努力都會有極限。既然如此，**不如大方承認自己的匱乏，轉而思考如何活用現有的資源**。

大家有聽過德島縣上勝町的「花葉經濟」嗎？由於人口流失加上特產的木材與蜜柑銷售不佳，上勝町轉而生產日本料理中愛用的「妻物」花葉[6]，並出貨給日本全國農業協會，迄今銷售額已達二億六千萬日圓。不執著於不足之處，而將目光放在既有的花葉上。如此一來，便能發現「無用之物」的潛力。

6 為表現四季感裝飾在料理旁的花朵、葉片。

娛樂產業該有的面貌

Q17

《宇宙兄弟》在漫畫銷量不如以往的年代，仍持續受到讀者喜愛的原因是？

娛樂產業正迎來過渡期，不僅書籍、雜誌和CD銷量難以提升，漫畫業也面臨到相同的狀況。

以《宇宙兄弟》漫畫廣為人知的作者小山宙哉，開始拓展漫畫相關商品販售事業。

尋找新的收入來源固然重要，其實這還帶來了更重要的價值，此處的「價值」究竟是什麼呢？

提示 漫畫單行本的出版周期為三至六個月。

A-17

以「漫畫家」小山宙哉的身分親近讀者

消費者的真心話

在閱讀漫畫的時間以外也希望能沉浸在漫畫的世界

企業的優勢、理念

在下一集單行本出版前要拉近與讀者間的距離

解決問題的關鍵

- 縱使品質沒有提升，但接觸次數變多有助於增加讀者對此漫畫的好感
- 希望與平常不看漫畫的女性讀者拉近距離
- 除了漫畫之外，也能開拓其他的獲益來源
- 試著實際做出漫畫中的物品來販賣

疊合的技術

比品質更重要的是親近感

每次出國時我都可以感受到「日本不管是漫畫或商品的水準都很高」。然而，「想作出好商品」的念頭，很容易導致「只要做出好商品就一定會熱賣」的錯覺。如果從提高品質便會熱賣的觀點出發，就會把「生產好商品」當成最終目標。

雖然漫畫的品質也很重要，但對讀者來說如果一年只出一本，就算再喜歡也會忍不住將目光轉向別處，進而在茫茫書海中被讀者遺忘。

作者當然希望全力以赴做出最好的作品，但引頸企盼的讀者卻等不了這麼久。

為了拉近與讀者間的距離，接觸次數變的很重要。就算原來不熟，一旦常見面關係往往會變好，關鍵就在於接觸的次數。

美國心理學家札瓊克（Robert Bolesław Zajonc）稱以上的情況為**「單純曝光效應」，藉由反覆接觸提升好感度**。

如果你的商品或服務已經到了及格的水準，剩下的關鍵或許就是在於「親近感」。

想緊緊抓住讀者的心

在出版業界面臨困境的時代，無論是哪間出版社都為了維持銷量而拚盡全力，關鍵在於漫畫銷售容易集中在短期。但在娛樂產業發達的年代，一旦缺乏新刺激的時間過長便會帶來足以致命的危機。

再怎麼有趣的漫畫，頂多只能看個一小時。連續劇每周都會定時撥放新集數，而Hulu和Netflix等影音串流服務，更讓人想看就可以看個夠。

相對來說連載中的漫畫單行本則需要等上好幾個月，漫畫與讀者間產生長期缺少新刺激的時間。當然直接購買漫畫雜誌來看也可行，但有鑑於近來購買漫畫雜誌的人日漸減少，特別是《宇宙兄弟》這部作品擁有相當數量的女性讀者，必須填補單行本上下兩集間的空白才行。以戀愛為例，數月才見一次的遠距離戀愛分手風險也較高。漫畫與讀者間的關係也是如此。想緊緊抓住讀者的心，則必須構築全新互動關係。

消費者的真心話

喜愛的漫畫及角色別具意義

只要打開智慧型手機就能玩遊戲、和朋友聊天，現代人的生活即便是休息時間也忙得不可開交。但對大多數的讀者而言，喜歡的漫畫和角色對自己別具意義。想要沉浸在漫畫的世界觀中，與漫畫人物一同旅行，甚至產生戀愛的感覺。希望漫畫能夠成為更貼近自己的存在。

發現疊合的部分

除漫畫以外也要積極拉近與讀者間的距離

讀者「**想更加沉浸在漫畫的世界**」的心情，與漫畫家「**不希望與讀者漸行漸遠**」的需求疊合，販售漫畫相關品項的商業活動於焉展開。

例如《宇宙兄弟》令人印象深刻的篇章中登場的髮夾甫推出便銷售一空。「漫畫家小山宙哉的精選商店」中有各式各樣的商品，包括飾品、文具等。此外，還針對LINE、臉書和推特等不同社交媒體性質做出合適宣傳。透過名為小山Tube（KoyaTube）的網站發布限定會員閱讀的創作內幕等資訊，藉以維持穩定的讀者數量。除了發售漫畫單行本外，時常散播新資訊也能增加讀者接觸到作品的次數。

我曾經從事重新包裝特產的工作，時常會遇到抱著「因為我們製作的食物很美味，所以一定賣得出去。」這樣一廂情願的想法的人。

無論再怎麼優秀的商品，如果沒有努力將「優點」傳達出去，終究還是無法熱銷。就算運氣好上了電視暫時提升銷售量，效果也不會持久。別只執著於做出高品質的商品，與顧客建立良好關係更是重要關鍵所在。

只要將致力於提升品質的時間撥出百分之十來拉近與顧客間的距離，銷售商品的機會也會增加。

Q18

點出新的問題

無法矯正近視的JINS PC眼鏡為何能創造熱賣六百萬副以上的佳績？

全日本近視人口據說超過七千萬。

從早期的眼鏡行，到平價連鎖眼鏡店Zoff等，眼鏡行的招牌隨處可見。

然而，喜歡戴時髦眼鏡的人終究只占少數，絕大多數的人每天都戴同一副眼鏡。

此時，某種特殊眼鏡的登場顛覆了世間的常識。以JINS（晴姿公司）為首，新商品已非普通的近視矯正用眼鏡，而是以3C使用者為訴求所推出的眼鏡。截至目前為止累計販售數量已超過六百萬副。為什麼人們會覺得需要這種眼鏡，甚至願意掏腰包購買呢？

提示　重點不是矯正，而是預防。

A-18

點出名為「藍光」的新敵人

消費者的真心話

一直盯著電腦或智慧型手機螢幕看眼睛很累，但也無可奈何

企業的優勢、理念

想在低價競爭激烈的眼鏡市場中，為自己塑造獨特的定位

解決問題的關鍵

- 創造新詞彙等於創造新市場
- 「網路使用者」比「視力不好的人」更多
- 「只要做不用電腦的工作就好啦！」這根本是天方夜譚
- 不只是製作眼鏡，更要創出能讓消費者認同的「需求」

創造新的敵人

如今許多商品我們用的理所當然，其中代表性的例子就是TOTO免治馬桶。三十年前日本還沒有用清水沖洗屁股的習慣，但只用衛生紙擦真的乾淨嗎？即使大家對此都抱持疑問，但因沒有其他解決方法也只好接受現況。

TOTO點出「只用衛生紙擦拭還是不夠乾淨」的問題，成功地以屁股的立場出發，以「屁股也想被沖洗乾淨」做為訴求口號，順利地獲得大眾認同。

如今「不用免治馬桶沖洗就覺得不乾淨」的人也不少！

但如果只看到這裡就認為「原來只要創出需求就夠了！」的話，結論也下得未免太快了。企業不能只顧創造對自己有利的需求，如果無法找到能真正引起消費者共鳴的問題，商品也不會有市場。

為了塑造新的敵人，首先必須從找出消費者真正需求開始，發掘消費者潛在的想法。「總覺得屁股沒擦乾淨」、「明明眼睛已經很累卻非得用電腦不可」，這類消費者潛意識中渴望達成，但礙於現實必須放棄的念頭，便是消費者真正的需求所在。晴姿發現到這一點，讓「藍光」變成市場的新敵人。

企業的優勢、理念

想保護使用3C產品的一億人

睛姿在二〇〇一年加入日本眼鏡業界行列，為了將原先冗長的配鏡過程轉為充滿時尚與歡樂的體驗，帶給消費者不同於其他眼鏡行的感受，從店鋪設計到收費方式都著實費了一番功夫。

無奈，日本的眼鏡市場在一九九六年時為五千九百七十七億日圓，如今卻僅剩四千億日圓。

更何況新產品被模仿的速度也很快，即使想用設計或價格一決勝負，也只是淪為廠商間微不足道的價格戰；對於提升業界整體獲益沒有實質幫助。

如果將眼鏡侷限在「矯正近視用」的範圍就無法拓展新的可能性。睛姿公司的田中仁社長，由於必須長時間使用電腦，而深受視力模糊與頭痛所苦。請教熟識的眼科醫師，對方回答「或許是因為藍光的緣故」。聽到「藍光」這個嶄新的詞彙，讓田中社長發現到新的問題，進而察覺商機所在。

既然發現了「藍光」這個新敵人，除了原本視力就不好的七千萬人，更能進一步解決3C產品的一億用戶所面臨的問題。

消費者的真心話

想讓眼睛好好休息，但為了工作不得不用3C產品

最近已經有二十歲左右的年輕人開始有老花眼。過度使用電腦和智慧型手機，導致視力衰退已成為現代人不得不面對的問題。然而，大部分的工作都需要用到電腦，加上便利的智慧型手機容易讓人過度使用，長期下來眼睛難免會感到疲勞。而過去人們覺得眼睛疲累時，除了點眼藥水也沒有其他方法。

消費者苦於「想讓長期盯著螢幕的眼睛好好休息」，但為了工作又不得不用的情況，卻毫無解決對策。

發現疊合的部分

販售濾藍光眼鏡

在JINS PC眼鏡發售之前，如果在街頭訪問路人「你知道藍光嗎？」，想必大部分的人應該都感到一頭霧水吧！

就算覺得「使用3C產品讓我感到眼睛好不舒服」，對消費者來說，也只能被迫繼續長時間面對螢幕。此時，素未謀面的新敵人登場了，那就是「藍光」！

不是打造眼鏡，而是打造「需求」。以不需有度數眼鏡的人為目標客群，拓展出了全新的眼鏡市場。JINS PC眼鏡與名為「藍光」的敵人一同登場，大幅提升被民眾接受的可能性。

「眼鏡不僅可以預防眼疾，為社會帶來正面效果；如果視力沒問題的人也會自發購買眼鏡，那麼眼鏡市場自然就會擴大。」這是發售之初，充滿熱忱的田中社長所懷抱的心願。

第4章

對世間常識抱持疑問，思考如何賦予事物「新價值」

許多我們認為理所當然的事情，只要換個角度思考就會有一百八十度的大轉變。卡樂比的水果穀片放棄與麵包、米飯等主食類競爭，從早餐戰場抽身，轉而採取新的銷售策略。軟銀放棄與外型酷似人類的人型機器人，而讓「Pepper」機器人順利問世。讓我們一起來對世間常識提出疑問，思考意想不到的需求吧！

Q19 卡樂比水果穀片不改變原商品卻能大幅提升銷量的秘訣是？

美國的有機食品市場持續成長，創下超過四兆日圓的佳績。同樣的健康風潮也席捲日本，在一般超市也可見到椰子油或營養穀片等健康食材的身影。

如今在日本穀片市場位居領導地位的是卡樂比水果穀片（フルグラ）。將燕麥、玄米等穀類加糖攪拌。烘烤後再加入水果乾，便是早餐營養穀片。以營養穀片市場的銷售額來看，卡樂比原先僅佔二百五十億日圓中的三十七億。陷入苦戰的卡樂比水果穀片，在不改變商品的前提下，搖身一變成為銷售額將近二百億日圓的熱銷商品。這其中的秘訣到底是什麼呢？

提示 放棄與麵包及米飯為敵，為求生存和其他食物結盟。

A-19

別把戰場定調在主食，而是讓水果穀片成為優格的好夥伴

消費者的真心話

早餐還是比較習慣吃麵包或米飯

企業的優勢、理念

不要因搶下小小市場就沾沾自喜，目標是成為消費者早餐的必備良伴

解決問題的關鍵

- 不當主角也無妨，思考如何當個稱職的配角
- 比起在狹小市場當主角，在廣大市場當配角也是一種選擇
- 穀片難以打破消費者早餐吃麵包和米飯的習慣。既然如此不如思考與其他食物結盟共存
- 不改變原有商品，也可以選擇改變商品定位

疊合的技術

別總是想當主角

每當我為廠商提供諮詢時，必定會討論到「主角、配角問題」。自家公司商品能成為主角當然令人開心，但能在消費者日常生活中成為主角的商品畢竟有限。如果要以主角為目標，則必須帶給市場巨大的衝擊。

比方說iPod的容量能放下一千首歌曲，正因為擁有這項其他產品難以望其項背的優勢，iPod才能奪下主角寶座。然而比起搶下主角大位，有時選擇當個稱職的配角，也能為企業帶來很大的好處。

如果成為配角，登場機會便可能倍增，銷售量也往往會隨之提升。思考自家公司的商品作為配角的可能性，正是運用疊合技術的關鍵。

比方說，優衣庫（UNIQLO）放棄與颯拉（ZARA）和H&M等品牌爭奪快速時尚市場大餅，選擇成為不受流行所左右的配角。以機能性內衣為首，將主力集中在人們基本必需品上。時尚流行容易受好惡影響，然而像「AIRism輕盈涼感衣」或「HEATTECH發熱衣」等機能性服裝，不會受到國籍、性別年齡等限制，男女老少咸宜。當全世界的時尚品牌爭奪主角寶座之際，優衣庫早已坐穩配角位置。

企業的優勢、理念

不只販售營養穀片，而是想打入早餐市場

說到卡樂比，各位讀者印象最深的想必是洋芋片或薯條等零食吧！然而，其實卡樂比曾經發下豪語，目標是拿下早餐市場中的一千億日圓。

當初員工多半想著「等等，這也未免太困難了吧」。卡勒比的水果穀片固然很棒但始終無法達到目標銷售額。「當時公司內瀰漫著『大概再過不久就會放棄了吧』的氛圍」，水果穀片事業部門的部長藤原香織如是說。

然而，二〇〇九年就任公司會長兼CEO的松本晃卻注意到當時銷售額只有三十億的水果穀片的可能性。不是把營養穀片視為零食類商品販售，卡樂比開始挑戰用其他方式打入早餐市場。

消費者的真心話

雖然不習慣吃營養穀片餐，但為了健康可以加在優格中

對於沒有食用營養穀片習慣的家庭來說，改吃穀片當早餐需要很大的決心。況且習

慣用麵包或米飯當早餐的家庭，一旦改吃穀片往往會覺得好像少了點什麼。突然改變飲食習慣對很多人來說並不是什麼愉快的事。

麵包、沙拉、優格是早餐的經典組合，營養穀片想篡位實在不容易。但如果優格加穀片對身體有益，大多數主婦也許會為家人的健康著想，抱著「買一次看看吧」的想法呢！

發現疊合的部分

讓水果穀片成為優格的好夥伴

卡樂比發現水果穀片不需當主角，作為優格的配角倒是十分稱職。相較於二百五十億日圓的營養穀片市場，二〇一一年的優格市場達到三千三百億日圓，為營養穀片的十倍以上。由此可知，優格已經深入日本人的生活中，成為不可或缺的食品。如果將穀片加入優格中，或許日本人更能接受。

「只要將水果穀片和其他食物混合食用便能輕鬆攝取食物纖維」，因而聲名大噪的水果穀片，現在仍以不破壞蜂蜜和果醬風味的稱職配角為目標。

卡樂比勇於挑戰，讓水果穀片的銷售額有了驚人的成長。二〇一一年銷售額尚為三十七億日圓，只花四年的時間便成長了五倍，如今已直逼二百億日圓。如果堅持要當主角，那麼戰場便只限於營養穀片市場。身處狹小市場中或許真有機會成為主角，然而藉由成為廣大市場的知名配角，卡樂比進一步讓水果穀片成為早餐必備良伴，實現將水果穀片融入日本人生活的目標。

Q20

「Pepper」機器人捨棄了什麼而獲得最終勝利？

懂得「捨棄」正是致勝關鍵！

不久之前我們還很難想像機器人能自然而然地融入日常生活中。如今宛如科幻小說般的劇情已化為現實，市區不時可見到社交機器人「Pepper」的身影，機器人和人類間的互動已不再是稀奇事兒。

開發出「Pepper」機器人的軟體銀行（SoftBank Corp.，簡稱軟銀），放棄了「某項功能」，成功在社交機器人市場中取得先機。軟銀所捨棄其實是一項對「人型機器人」來說十分重要的功能，那究竟是什麼呢？

提示 人們到底想從Pepper機器人處獲得什麼呢？

A-20

明明是人型機器人，卻捨棄「雙腳步行」功能

消費者的真心話

想要有個陪伴自己的聊天對象

企業的優勢、理念

想打造讓機器人和人類一同自然地生活的世界

解決問題的關鍵

- 不再什麼功能都想要，而是決定出最重要的功能
- 必須處理「電池效能」以及「雙腳步行的安全性」兩個問題
- 人型機器人的價值正是能一直陪伴在人類身邊
- 能進行長時間的溝通比用雙腳步行更重要

從「什麼功能都要」改成「就要這個」

對於許多企業而言，要做到「捨棄」絕非易事。考量迄今投入的資金和時間，已經付出的沉沒成本（sunk cost）往往令人難以割捨。煩惱到最後的結果便是讓企業什麼都不願放手。

一旦陷入這樣的心理狀態便無法下正確的判斷。無論再怎麼避免，這一直是商業經營永遠的難題。身為公司經營者，我有時也難免會想說「這個也想做，那個也想做」；然而資源永遠不足這點讓我感到十分挫敗。

領導者的任務在於決定「什麼該做，什麼不該做」。領導者該釐清企業的目標，並將重點聚焦在事業目標上。

比方說美國西南航空（Southwest Airline），以低價載客為目標而捨棄了不必要的服務。當其他航空公司忙著拓展航線之際，西南航空卻只提供兩市間的直航，聚焦於「點對點」路線。而且該航空無法指定座位，也不提供餐飲服務。

由於西南航空的成功，美國大陸航空（Continental Airlines）也試圖仿效「點對點」

直航。然而由於大陸航空也同時供應一般航線，無法順利壓低成本，讓公司捲入了航空業殘酷的價格割喉戰中。

對企業而言，做出「決定」等同於必須「捨棄」某些事物。「什麼都要」會讓資源分散，決定「就要這個」才能夠集中資源，全力達成目標。

企業的優勢、理念

想打造一般人和機器人共同生活的世界

軟銀面臨兩個問題：Pepper機器人所擁有的「電力效能」，以及用「雙腳步行」的安全性。假設以雙腳步行作為優先考量，則電量只能維持一小時。如果是展示用機器人倒還無妨，但家用機器人每隔一小時便要充電實在不怎麼實用。

此外修理機器人也要花費不少時間和金錢，對一般人而言購買門檻會變得更高，如此一來便會背離軟銀原先「一般人和機器人共同生活的世界」目標。因此軟銀做出了一項重大決定。

消費者的真心話

想要有可以談話的對象

我們從機器人或寵物身上尋求的不只是純粹的「功能性」。以SONY的機器狗「AIBO」為例，它還需要主人的照顧和關心。如果只從方便與否的角度出發，智慧型手機比起機器人是更好的選擇。

但人們卻憧憬能和機器人溝通，也會花費心力照顧寵物。原因在於「心理層面」的需求。「孩子都已成家立業，真希望能有個可以說說話的對象」、「想透過『被需要』的感覺來確認自己的存在價值」，這是潛藏在人們內心的真心話。

發現疊合的部分

比起「雙腳步行」，能長時間對話更為重要

我還記得第一次見到Pepper機器人的時候，還想說「為什麼不是用兩隻腳走路呢？」。與大多數的人型機器人不同，Pepper機器人只有上半身採用「人型」設計。

說到用雙腳步行，可說是機器人廠商的技術菁華所在。許多企業所追求的目標便是讓機器人能夠像人類一樣流暢地步行。

但是，Pepper機器人作為「陪伴用機器人」，設定的目標是能夠在家庭中進行對話；為達成此一目標，比起步行功能更應以維持電量作為優先考量。因此，軟銀決定捨棄過往人型機器人被認定必備的「雙腳步行」功能。

Pepper機器人的目標並非成為完美的「機器人」，而是會隨著環境變化的「生物」。軟銀社長孫正義表示：「Pepper機器人如果時常受到家人的疼愛和讚美，會變得十分開朗。如果把它晾在一旁則會變成容易感到寂寞的憂鬱個性。」

將商品送到客人手上

Q21

黑貓宅急便採取了什麼行動以減少宅配成本？

隨著消費者使用網路購物的次數增加，以亞馬遜、ZOZOTOWN等購物網為首，宅配的使用頻率也大幅上升。

然而，宅配業者所需之人力成本並沒有想像中來得容易掌控。提升配送效率固然是重要的課題，然而對於宅配業者來說，最頭痛的問題莫過於雙薪家庭增加後所帶來的無人收件窘境，宅配成本也隨之提高。

為了解決上述問題，黑貓宅急便想出了減少宅配成本的方法，究竟是什麼樣的妙計能夠解決無人收件的問題呢？

提示 如果不是以「住所」而是以「個人」作為送達目標的話，事情會有什麼改變呢？

A-21

下班回家的路上，順道在附近便利商店取貨

消費者的真心話

希望能配合消費者方便的時間取貨，不必為了等宅配在家枯等

企業的優勢、理念

宅配業者的使命是將貨物送到客戶手上

解決問題的關鍵

- 如果光站在企業角度來提供服務，一旦出現站在消費者角度服務的對手，恐怕很快就會被取而代之
- 由於宅配物流量日漸增加，重新配送所消耗的時間和成本變得難以忽視
- 在這個隨時能在網路下訂單的時代，非得回家等待收件實在是太落伍了
- 將送達目標轉為個人，便會察覺到不「宅配到府」也無所謂

從顧客的眼光出發，重新思考如何安排吧！

許多服務都以企業端的邏輯來思考，然而消費者在日常生活中也有各自的需求，其中的落差導致生活不便，也讓消費者和企業之間產生了隔閡。

「為什麼每天非得搭著人擠人的電車上下班呢？」

「為什麼我每天都要關在辦公室中埋頭工作呢？」

「一定得到錄影帶出租店才能借片子看嗎？」

即使生活中仍有許多需求沒有被滿足，但人們往往會配合既有的服務，選擇繼續忍耐；更何況消費者沒有說出真心話，企業自然也就看不見消費者真正的需求。

如此一來，企業所提供的服務就會與消費者之間產生隔閡。企業沉浸在自己構築的邏輯中，繼續提供服務給沉默的顧客。

如果企業從客服部門到工廠設計都只依循公司邏輯，一旦出現願意從顧客角度出發，為客人解決真正問題的競爭對手，顧客恐怕短時間內便會跑光。對企業而言最糟糕的事態莫過於此。

為了不要關門大吉，不能只從企業角度出發，而要**從顧客的角度加以檢視自己公司所提供的服務**。

企業的優勢、理念

想讓顧客快速輕鬆地拿到貨物

黑貓宅急便自一九七六年起開始提供個人宅配服務。當時日本的全職家庭主婦較多，兩代同堂是當時的主流。然而隨著小家庭越來越多，加上單身族群的增加，對顧客來說宅配到府已不再方便，企業與消費者間開始產生認知與需求的落差。

尤其當顧客無法簽收時還要特地打電話指定重新配送的時間，對顧客而言這樣的購物體驗可不怎麼令人愉快。

再者，由於網路購物風潮興起，宅配頻率大增；無法在家簽收貨物不僅造成顧客個人的困擾，也是宅配業者亟欲處理的難題。

對此，黑貓宅急便採用的方法是不僅讓客戶可以透過網路指定重新配送時間，更進一步由顧客角度出發，重新規劃到貨的方式。

消費者的真心話

平日沒辦法取貨

對於單身族群或雙薪家庭而言，為了等簽收貨物留在家中非常麻煩。而重新配送還要打電話聯絡業者也很費工夫。如果沒能在第一次到貨簽收，就還得把假日行程空出來等宅配。

如果有可以放置貨物的宅配箱會方便許多，但日本許多大廈和公寓並沒有額外設置宅配箱。

發現疊合的部分

回家途中順道在便利商店取貨

為了讓顧客有更美好的購物體驗，必須改變這四十年來「將貨物送到家中」的觀念。

觀察在外的單身族群，並將目標放在「哪裡是客戶最容易取貨的地方？」如此一來就會發現企業真正的目標並非將貨物送到住家，而是送到顧客最容易取貨的地方。

「讓貨物能順利送到顧客手上」，從這個角度出發，就會發現不是非得將貨物送到住家不可。

黑貓宅急便抓住問題的核心「找出送貨服務與單身族群及雙薪家庭夫婦間的共通處，就能將貨物順利送到顧客手上」。

解決此難題的妙招是「便利商店取貨服務」。許多人在回家路上經過便利商店時，往往會順道買個晚餐或啤酒。如果能在便利商店一道取貨，可說是一石二鳥。

「**隨著時代的變遷，因應不同生活形態將貨物送到客人手中**」。企業的理念與消費者「**不希望只為了簽收貨物而調整周末行程**」的想法疊合，「便利商店取貨服務」於焉而生。

Q22

高田郵購是如何從家電量販市場中殺出重圍，贏得銀髮族消費者的喜愛呢？

在電視購物市場佔有一席之地的高田郵購（Japanet Takata），一九九〇年加入郵購市場。二十多年後的現在，即使受到便宜網路賣場及家電量販店的夾殺，高田郵購仍成為年營業額超過一千五百億日圓的優良企業。

高田郵購的客人大多是銀髮族，原因在於高田郵購做到了各家廠商和家電量販店都沒能為客人做到的事。高田郵購解決了銀髮族的問題，進而使他們成為忠實顧客。高田郵購到底做了些什麼呢？

提示 只是做為廠商與顧客間簡單溝通的橋樑而已。

A-22

不光強調商品機能，更要讓銀髮族了解商品能為他們做些什麼

消費者的真心話

我不需要複雜的說明，只想知道這項商品對我的生活到底有什麼幫助

企業的優勢、理念

廠商或家電量販店的說明都太難懂了，往往會把銀髮族消費者嚇跑。必須讓消費者明白商品的價值所在

解決問題的關鍵

- 重新發掘商品的價值，讓商品不只是商品
- 家電量販店或購物網站沒能做到的事情是什麼呢？
- 對於銀髮族而言，比起商品功能多強大，他們更在乎這個商品對自己到底有什麼幫助企業。別只把注意力放在機器上，重點是消費者使用時機

發掘不為人知的價值

不論是什麼樣的企業，想必都會贊同「商品最好能讓消費者輕易上手」吧！像蘋果公司的商品就是值得效法的目標。然而絕大多數家電品牌的商品，就算只單就按鈕的設計來看，就會發現商品設計對銀髮族實在不怎麼親切。

況且不管到哪間量販店，能得到的資訊也只有價格差距和商品功能罷了。其實銀髮族消費者想知道的事非常單純，就是「這個商品到底對自己的生活有什麼幫助？」

大部分人家中日常生活用品皆一應俱全，沒有必要買新的東西。因此，重要的是發掘出「能打動消費者的商品」。

高田郵購的創始人，前社長高田明曾說過：「在忠實顧客眼中，商品不再只是普通的物品。比方說蘋果觀光果園除了可以享用美味蘋果，更可以看到果農照顧蘋果的用心。如此一來，消費者也會改變原本對蘋果的看法。一間果園中有數百棵蘋果樹，每棵果樹結出的果實約有六百個。唯有人工摘除遮光的葉子，細心轉動每個果實，才能讓蘋果擁有漂亮的顏色。親臨果園更能明白農家的辛勞。」

在這個物資過剩的年代，**想激發人們的購買欲就必須發掘商品的價值，讓商品不再只是單純的商品。**

企業的優勢、理念

讓不了解家電的人也能明白商品價值所在

如今在日本無人不知、無人不曉的高田郵購創立於長崎縣佐世保市，由一群對郵購毫無經驗的人所組成，當年在郵購業界中只不過是個後生晚輩。

缺乏資本的高田郵購，沒有雄厚本錢加入家電量販店和網路商店間的價格廝殺戰。高田前社長當然不可能選擇以價格取勝的戰略。從製造商與商品流通販售方式中，他發現了高田郵購的可能定位。

那就是銀髮族客層。廠商所推出的商品性能越來越強大，家電量販店拼命主打價格和商品複雜功能，但對家電不了解的人怎麼看都始終一頭霧水。高田郵購在不熟悉家電的銀髮族客層中找到了新商機。

消費者的真心話

希望有人用淺顯易懂的方式說明商品對生活的幫助

物聯網和數位家電等科技日新月異，日常生活中的專有名詞越來越多，對於看不懂說明的人來說實在是很辛苦。家電量販店的商品充斥著銀髮族用不到的功能，賣場也時常可見到長輩們一臉困惑的的模樣。

銀髮族不擅長使用網路，即便想先研究後再上網買也不知該如何是好。就算店家有各個商品間的功能比較表，銀髮族也無法理解到底有什麼差別。他們只是希望有人能用簡單易懂的方式，說明那些商品對生活的幫助。

發現疊合的部分

重點不是「機器」本身，而是消費者使用的「時機」

以錄音筆這個商品來說，家電量販店往往會強調「以往的錄音筆只能錄三十個小時，這個新商品可以一口氣錄五十小時喔」。但高田前社長不將重點放在機器上，而是**聚焦在消費者使用機器的「時機」**。

高田前社長曾經這麼說：「人過了六十歲就容易健忘，我也有這個毛病。躺在床上時突然想到了些重要的事，但要起身開燈作筆記又嫌麻煩；這時在床頭放隻錄音筆，只要按個鈕就能錄音。看醫生的時候也一樣，如果怕忘記醫生的醫囑，只要錄下來就好了。」

資訊過剩的社會中，高田郵購作為銀髮族和製造商間的橋樑，將商品的用途傳達給顧客，為自己打造出購物網站和家電量販店都難以企及的地位。

顛覆辦公室的常識

Q 23

顛覆辦公室習慣！岡村製作所的新商品改變了什麼？

長時間待在辦公室工作容易造成腰痛和肩頸僵硬，慢性疲勞的問題也會影響到企業的生產力。勞動人口日漸減少固然是生產力下降的原因之一，然而因為生病留職停薪的員工也越來越多。

為了改善員工健康問題，辦公室家具製造商岡村製作所開發出改變辦公室習慣的某項產品，而這項產品也為許多大企業所採用。

該產品確實有效減輕了辦公室員工腰痛及肩頸僵硬的問題。讓我們來看看它究竟帶來了什麼改變吧！

提示 便利商店和服飾店的常見光景。

A-23

一起養成「站著工作」的習慣吧！

消費者的真心話

旁邊同事都在努力工作，就算腰酸背痛也不能示弱

企業的優勢、理念

提供努力工作的人舒適工作環境及辦公室空間

解決問題的關鍵

- 看似難以置信卻是改變時代的契機
- 解決問題之前，首先要掌握自己公司的核心價值
- 改變久坐的辦公習慣
- 正因為很難介入辦公室用品市場，更需要出奇制勝

疊合的技術

提出「新習慣」取代「舊習慣」吧！

業界、公司、或是個人都存在著「常識」。而這些「常識」讓我們不用動腦思考，只要照做便不會出錯，真是偉大的發明。

然而，常識卻是創新的絆腳石。我們從過去的失敗或其他公司的例子中尋找工作不順利的理由，這便縮小了思考的範圍，於是劃地自限無法突破。

日本一直以來的教育方式是先擬好問題，要求學生回答標準答案。但商場上沒有事先設定好的問題，這時反而更需要提出顛覆常識的問題，才能創造與以往截然不同的解決方法。

岡村製作所提出的嶄新問題是「工作非得要坐著嗎？」、「為了使用者的健康，辦公室家具製造商能做的事是什麼呢？」重點不在關注過往商品的販售成績，為了解決新的問題與發掘公司的價值，需要顛覆常識的思考方式。

企業的優勢、理念

想為各家公司量身打造舒適的工作環境

過往由於員工增加，辦公室也會隨之搬遷，因此辦公室用品更換的頻率也高。然而在勞動人口減少的現在，辦公室用品更換頻率也跟著降低。因此關鍵不在銷售商品，而是在提供新商品和服務上，從而改變辦公室的工作型態。

岡村製作所不只販售辦公室設計相關商品，也配合企業文化、傾聽企業希望的工作方式，為客戶提供最適合的服務。其中岡村製作所必須面對的典型問題，便是日本辦公室文化中常見的「久坐」，和「維持相同姿勢」習慣。

消費者的真心話

在辦公室必須避免與眾不同實在很累人

辦公室裡每個人究竟在做什麼呢？要回答這個問題並不容易。實在很難判斷閉著眼睛的部長究竟是在打盹還是在想事情？

所有人都規規矩矩地坐在辦公桌前，眼睛直直盯著電腦螢幕。總之讓人覺得「自己正在工作」是最安全的，如果站起來可能會被認為是在偷懶。

不過從集中力的觀點來看，久坐並不是件好事，對健康也有害。腰痛和因為看電腦導致脖子痠痛的員工持續增加，一直坐在辦公桌前正是肩膀慢性僵硬的主因。可是，當周圍的同事也長時間久坐，站起來會顯得與眾不同，這也是多數人強忍久坐不適的理由。正因為日本人的個性過於認真，才導致肩膀僵硬和腰痛的患者這麼多。

發現疊合的部分

擁抱自由的工作型態吧！

問題解決戰略部部長大野嘉人表示：「久坐對健康有害，這已是當今全世界公認的常識。現在大部分的北歐公司與美國西岸的高科技企業多採用升降式辦公桌，適合每個人的工作型態才是良好型態。」

岡村製作所提出每個上班族難以啟齒的想法，質疑長久以來久坐工作的常識。公司對員工的要求是集中精神工作並交出成果，而不是強迫員工一直坐在辦公桌前。岡村製作所質疑以往坐著工作的既有觀念，建立新的常識，解決久坐帶來的困擾。

而久坐和站立的差異也有實驗為證。實驗結果發現，參加實驗的受試者以時而坐下、時而站起的方式使用最不易感到疲憊。定期改變姿勢、分散肌肉負荷比較不會疲勞。

由此而生的商品便是升降型辦公桌「Swift」。我本身也是「Swift」的愛用者，說實話剛開始使用「Swift」的第一個禮拜會覺得腳痛，但習慣後會讓姿勢自然變好，減少肩頸僵硬，集中力也隨之提升。

以往的辦公室用品一旦買了很少更換，但升降型辦公桌創造出了新的需求，以日本樂天為首的大型企業也開始採用此種辦公桌。

Q 24

「聰明新聞SmartNews」為何能成為日本最多人使用的新聞APP？

「聰明新聞SmartNews」是最多日本人使用的新聞APP，廣受歡迎的秘訣，就在聰明新聞設計之初便開發的某項功能上。

開發此功能的契機源於聰明新聞負責人在電車上目擊的現象。他究竟是目睹了什麼景象，又是如何藉此打開聰明新聞的市場呢？

看似微不足道，其實最是重要

提示 用手機時最讓人感到惱火的狀況是什麼呢？

A-24

即便在收不到訊號的電車中也能順利閱讀

消費者的真心話

雖然想在電車上看新聞，但如果收訊不良便無法順利閱讀

企業的優勢、理念

縱使再好的新聞，使用者看不到也是沒用的。重要的是讓使用者能確實接收資訊

解決問題的關鍵

- 掌握問題如同點穴，出手精準才是高手
- 要自行在眾多媒體中找出自己想看的情報實在很困難
- 在收不到訊號的狀況下，使用者難以使用智慧型手機閱讀新聞
- 提供離線閱讀新聞的服務並不難，但以往卻沒有企業試圖解決使用者問題

鎖定目標，切中要害

推拿師傅優秀與否在於是否能看出身體的毛病。

推拿診所裡的師傅光用看的，就說：「你是因為骨盆不正，右邊肩膀也不舒服吧？」

解決問題就和人體一樣，找出正確的經脈穴位所在是最重要的。

然而問題是正確的穴位究竟在哪裡？如果沒能按壓到正確的穴位，只想以瞎矇的方式解決將永遠無法達成目標。

相對地，如果按到正確穴位上，便能清楚抓到因果關係，輕鬆聚焦在正確的解決方法上。

以澳洲的黃尾袋鼠葡萄酒（Yellow tail）為例，即使加入美國市場的時間晚，就因發現到「正確穴位」而順利攻占市場。

美國葡萄酒的商品訴求讓消費者難以選擇。對於大多數的美國人而言，葡萄酒香氣和口感的說明過於複雜，看了只是徒增選擇困擾罷了。

針對這一點，黃尾袋鼠葡萄酒排除了其他妨礙消費者決定的因素。首先種類只分為喜若紅葡萄酒（Shiraz）及夏多娜白葡萄酒（Chardonnay），形容味道時也不用「如熟成歐洲黑醋栗般」等抽象語句，而是改採「清爽辣味」或「微甜口感」等讓消費者一目瞭然的說明。

黃尾袋鼠葡萄酒只花了幾年的時間，就擊敗市場龍頭的義大利及法國葡萄酒，躍升為美國葡萄酒類進口數量之冠。在那之後又過了十年，黃尾袋鼠葡萄酒已銷售到全世界含日本在內超過五十國，成為世界前五大的葡萄酒品牌之一。

企業的優勢、理念

想將實用資訊確實送到消費者手上

「聰明新聞」的董事長鈴木健，在創立公司時便秉持「將全世界的實用資訊送到需要的人手上」理念，反覆嘗試各種可能性。

資訊爆炸時代，希望能讓消費者接收到有用的資訊，這也促成聰明新聞的進化。

消費者的真心話

無法在電車上順利閱讀新聞

電車上的人們都在做什麼呢？幾年前玩社群網路遊戲的人居多。地下鐵的網路訊號較弱，難以流暢閱讀新聞也往往讓使用者心生不滿。「無法顯示下一頁」、「網路斷線」等的錯誤代碼更是司空見慣。

「沒有網路就不能看新聞了嘛！」消費者因此心生不滿，也導致新聞業與使用者間產生鴻溝。仔細回想幾年前的網路訊號比現在還糟，手機在地下鐵無法收訊的狀況確實層出不窮。

發現疊合的部分

離線也能閱讀的聰明模式

聰明新聞APP提供了「聰明模式」，使用者只要點擊了新聞標題，就算到收不到訊號的地方也能夠順利閱讀新聞內容。想必會有讀者覺得「這也沒啥大不了的吧」，但在APP氾濫的時代，只要讓使用者稍微感到不快，就可能會讓公司面臨存亡危機。

因此，以CookPad為首的網路服務公司無不使出渾身解數，追求以最快的速度滿足使用者的需求。

鈴木健董事長曾經表示「即便身處無法收訊或下載緩慢的使用環境仍然能夠迅速閱讀新聞，這可說是聰明新聞所掌握的『經絡穴位』。

我以前搭乘地下鐵時，發現大家幾乎都不用手機看新聞，這讓我感到十分不悅；我邊想『為什麼會這樣呢？』邊看向隔壁，發現他正在玩手機遊戲。

我不是想否定遊戲，而是發現比起看新聞大家還是會選擇玩遊戲啊！回頭看自己的螢幕，果然也是停在遊戲畫面耶（笑）！」

對於二十幾歲的人來說，下面的比喻或許古老了些。在漫畫「北斗神拳」中，每當主角拳四郎對準經絡穴位猛烈攻擊就能確實擊敗敵人。**關鍵在於找到正確穴位、發動精準攻擊。**

二〇一六年六月，手機新聞APP「聰明新聞SmartNews」下載次數已超過一千八百萬次，並且仍在持續成長中。Facebook也推出新聞推播功能，縮短新聞載入的時間。從日本誕生的「聰明模式」更進一步擴展到了全世界。

第5章

具備「原創性」的思考

「原創性」是什麼呢？指的是原本不存在於這世間，完全嶄新的事物嗎？如果你這麼想就大錯特錯了。不管是順利賣出一台三萬日圓的電風扇，或是讓美國人愛上原先厭惡的明太子，這些看似驚人的例子，其實只不過是巧妙地利用世間既存的事物和現象罷了。讓我們一起來探討激發「原創性」的思考方式吧！

改變消費者對食物的喜好

Q25 讓明太子得以登上討厭生魚卵的紐約客餐桌的理由是？

二〇一三年被聯合國教科文組織登錄為非物質文化遺產的「和食」（日本料理）在全世界掀起一陣熱潮。美味自然不用說，和食的健康價值更成為全世界注目的焦點。

世界各國的日本料理餐廳也費盡心思，希望將和食推廣到各地。然而，許多國家對於日本獨特的食物調理方式十分陌生，像食用生鮮魚類等並不是各國都能接受。光是要讓更多人理解和食，便讓許多日本料理餐廳著實費了一番功夫。

然而，有位日本老闆成功讓美國人愛上原本敬而遠之的明太子，他究竟是怎麼辦到的呢？

提示 是不喜歡食物的外觀？還是不喜歡嚐起來的味道？

A-25

仿照美國人熟悉的魚子醬，改名為「HAKATA Spicy caviar」

消費者的真心話

想嘗試高級食材或罕見佳餚

企業的優勢、理念

其實明太子很適合美國人的口味，如果客人願意品嚐，想必會一試成主顧

解決問題的關鍵

- 不要過度堅持，尊重對方的文化
- 如果客人還沒嚐過就表示厭惡，可見問題出在菜單上
- 如果不是討厭味道而是討厭食物的印象，那就重新包裝食物的整體形象吧
- 理解對方的認知思考方式並加以運用

用合氣道的概念來解決問題！

遇到表現出反感的人想用理論說服對方是行不通的。如果改變視點，從對方的角度理解對方抱持著何種偏見，許多問題便能迎刃而解。

「我才是正確的」、「在日本這可是非常暢銷的商品」。即便堅持自己的觀點，也不代表就能讓日本熱賣商品在海外受到歡迎。如果想將商品推廣到世界各地，那就必須理解當地居民看待事物的獨特角度，以及對各項事物的感受與認知。如同合氣道般借力使力，最終制服對手。捨棄無謂的堅持，充分利用對方的力量，便能順利為自己的事業開啟一片天。

所謂的創新，不過就是把現有事物重新組合而已。創新經濟學之父約瑟・阿洛伊斯・熊彼特（Joseph Alois Schumpeter）也曾說過「創造其他事物，或是用不同方式創造相同事物，即是改變事物的構成素材、影響因子，用不同組合方式將之重製。換句話說，研究開發就是在嘗試新的排列組合。」

為了挑戰新的組合，必須充分運用對手和自身的條件。**關鍵在於不要執著於自己原**

有的想法，需以更富有包容力的態度嘗試各種可能。

企業的優勢、理念

客人連嚐都不嚐就表示厭惡，那就改變「厭惡點」

位於紐約曼哈頓的日本博多料理店「博多豬肉料理（HAKATA TONTON）」，是一間連續5年入選紐約米其林指南的知名餐廳。

在美國長年經營餐廳的經驗讓店家了解到：「如果客人還沒嚐過味道就對餐點表示厭惡，那問題就不是出在餐點，而是菜單上。」也就是說實際看到餐點之前，菜單上的詞彙及給人的印象便會影響顧客的決定。

即使紐約有許多拒絕食用豬肉的猶太人，博多豬肉料理店的老闆岡島冰見仍然成功地讓豬腳成為熱賣餐點。當菜單上出現「TONSOKU[7]」的時候，客人往往會詢問「『TONSOKU』是什麼呢？」此時餐廳告知「『TONSOKU』就是法國人很喜歡的『Pied de cochon』。」當客人再度問到「那『Pied de cochon』又是什麼呢？」餐廳會進一步說明「『Pied de cochon』是法文的豬腳，是連法國人也愛吃的餐點。」如此一來客人便會覺得「既然法國人也喜歡，那試一下味道也未嘗不可！」豬腳因而大受歡迎。

當客人看菜單時，一般來說不會有「討厭」、「好噁心」的感覺，而是等到食物入口後才會有所反應。店家深信明太子很合美國人的胃口，如果客人願意品嚐，想必會一試成主顧。

消費者的真心話

雖然覺得生魚卵很噁心，但對稀奇美食仍抱有好奇心

美國掀起以健康為訴求的和食熱潮，像豆腐等美國人本來就能接受的食物自然不用說，甚至連以前美國人不願嘗試的壽司，也由於美食家的大力讚揚進而被大眾所接受。但對於沒有食用生鮮食品文化的美國人來說，直接告訴他們餐點是「生魚卵」，難免會招致反感。

發現疊合的部分

了解對手的文化，將明太子與魚子醬的形象疊合

要怎樣才能跨越文化的隔閡呢？博多豬肉料理店將「生魚卵」概念做了重新包裝再傳遞給客人。

7 日文「豚足（也就是豬腳）」的羅馬拼音。

如果採用美國人熟悉的概念，將「明太子」與美國人喜歡的食材形象疊合，如此一來客人也會願意嘗嘗看吧！如同先前所舉「TONSOKU」的例子，博多豬肉料理店所選用的魔法詞彙是「法國人也喜歡的美食」。

岡島冰見察覺美國人由於自家的飲食文化不夠深厚，傾向推崇法國料理。因此不把明太子說成是「生魚卵」，而主張是「法國人也十分熱愛的魚子醬」。

名稱也不使用「明太子」，而改為「博多辣味魚子醬」（HAKATA Spicy caviar）。突然間被客人嫌棄「好噁心！」的「鱈魚卵（Cod roe）」很快地成為店裡的熱銷餐點。

如果只想強迫美國人接受日本人的觀點，明太子或許就無法在紐約獲得當地人的認可吧！只要**善用對手「理解事物的方式」**，便能找到疊合的部分，進而解決問題。

餐廳「**想讓更多人品嘗美味日本料理的熱情**」，以及美國人所抱持的「**既然法國人也喜歡就嚐嚐看吧！**」的觀點疊合，大受好評的「博多辣味魚子醬」（HAKATA Spicy caviar）」就此誕生。

Q 26

全日本人口最少的鳥取縣做了什麼樣的努力以宣傳該縣魅力？

鳥取縣是全日本人口最少的縣。當地風光明媚，食物也十分美味；然而除了鳥取砂丘以外，沒有其他知名的觀光景點，也缺乏有名的特產。另一方面，鳥取縣民的個性較為內斂，不擅長行銷自己的故鄉。

鳥取縣所面臨的課題是「無法把當地豐富的觀光資源傳達給日本全國民眾」。因此鳥取縣開始執行重新發掘該縣魅力的計畫。鳥取縣究竟做了什麼呢？

弱點能夠引發共鳴

提示 人往往看不見自身的長處。

A-26

向全國募集關於鳥取縣的好點子

消費者的真心話

周末需要陪伴家人，實在沒有時間參加當地的志工活動，需求沒有得到滿足

企業的優勢、理念

有很多獨具特色的觀光勝地和特產，希望能讓更多人知曉鳥取縣的好

解決問題的關鍵

- 不需要以十全十美為目標，具有不足之處反而更吸引人
- 不是從「內部」觀點出發，而是尋求來自「外部」的觀點
- 希望能和當地建立更緊密的連結
- 建構可讓更多人提供回饋意見的平台

「弱點」正是「強項」

許多人對政府或企業抱持「完美無缺」、「做事乾淨俐落」等幻想。其實政府或企業都是由「人」所組成的群體，因此只要像「人」就好了。然而，長時間被廣告與大量行銷[8]所麻痺，無論政府或企業都會忘記該如何和消費者建立良好關係。

如果一心想著要「做到讓人無可挑剔的完美」，就背負著無法出錯的壓力，也不能講出真正的難處。無論在什麼場合都只能回答制式的完美答案。

其實並不需用盡全力讓人覺得看起來很完美，稍微有些缺點的人反而更有魅力。優點和缺點並陳更能展現出本來面貌，讓人看到獨特的一面。

企業也是如此，不要只想告訴消費者好的那一面，現在已經是讓別人看到弱點和缺點更能獲得信賴的時代了。

8 即mass marketing，以相同方式向不特定消費者提供相同的產品訊息。

企業的優勢、理念

聆聽外界意見發現豐富觀光資源

面向日本海的鳥取縣有著豐富的海產，也有以「大山[9]」為主的山景，更有全國數一數二的美麗星空。

但這些特點在鳥取縣民的眼裡看來，只不過是司空見慣的景象，因而無法察覺鳥取縣的得天獨厚之處。說到提振地方發展，「外人、年輕人、怪人」固然重要，但此處的關鍵是聽取其他縣市居民的意見。

消費者的真心話

希望加強與地方的連結

日本安倍政府高呼振興地方發展，然而想必很多人都不明白，自己一個普通人究竟能做些什麼？也許有些人會想「有沒有什麼我能做的事情呢？」但許多人往往忙得不可開交，連想在周末做志工的時間都沒有。

哪怕只是捐錢給地方政府也好，許多人希望透過容易實踐的管道，藉此感覺與當地有所聯繫。如今越來越多人有「雖然沒辦法到偏遠的地方當志工，但如果有自己能幫得上忙的事就好了」這種念頭。

發現疊合的部分

運用好點子改變鳥取縣！

鳥取縣與我所經營的好點子平台合作，讓全國民眾都能參加「鳥取縣計畫」，協助地方產業開發商品。

「勇敢說出難處」的鳥取縣，與「想對地方作出貢獻」的民眾心情疊合，一年便收集超過一千五百個點子，熱賣商品也隨之問世。

像鳥取縣的老牌年糕店「池上」就認為，年糕不僅只有新年才能吃，而要讓年糕全年都吃得到。為了讓年糕可以和許多料理搭配，「池上」開發出四公厘的薄片年糕，希望徵求與火鍋一起烹煮食用以外的用途，增加對消費者的吸引力，藉此打開市場。

「如果薄片年糕出現在餐桌上，你覺得怎樣的調理方式是最美味的呢？」徵求全國的民眾對「池上」商品的建議，收到的熱烈迴響遠超過預期。

9 鳥取縣西部地區的名峰。

接到了「把喜歡的冰淇淋包在裡面，就可以自製冰淇淋麻糬」、「加在湯裡能填飽肚子」等約二百四十件創意點子。運用這些創意開發新商品，配合宅配公司 Oisix 等開始在日本各地販售，年糕的可能性也更加多元化。

此外，鳥取縣的三朝溫泉也運用此計畫發掘出全新價值。三朝溫泉被政府認定為日本遺產，但缺點在於當地手機訊號微弱，對於仰賴科技的現代人而言，收訊不良實在是一大缺點。然而消費者的意見卻讓人跌破眼鏡，許多人都希望能到收訊不良的地方進行「數位排毒之旅」。

對於現代人而言「隨時都連絡得上」是理所當然的事。但其實每個人都需要「不受他人打擾的時間」，「享受什麼都不做的奢侈」旅行應運而生，而收訊不良的地方正是數位排毒的好去處。

公開自己的弱點和缺點未嘗不是好事，反而可能找到引起共鳴的可能性，讓我們擁抱更多豐富創意。

不改變商品也能熱銷

Q27 國分公司所生產的罐頭包裝不變，銷量卻能提升的秘密是？

隨著商品被迫進行低價競爭，便利商店、超市等的銷售通路越加強勢，使食品製造商與經銷商為難以獲利所苦。

其中難以做出商品差異化（特色化）的是罐頭食品市場。然而國分公司所販售的「罐裝下酒菜」系列，既沒有投資新的工廠設備，也沒有改變原先的產品，卻能成功引發市場對罐頭食品的需求，銷售額在二〇一四年高達了二十億日圓。

沒有改變商品本身，國分公司改變了什麼刺激出新的需求呢？

提示 人們會吃罐頭的時機是？

A-27

讓罐頭食品作為絕佳的下酒菜吧

消費者的真心話

相較零食還是比較喜歡好吃的下酒菜，不過想到要麻煩妻子實在難以啟齒

企業的優勢、理念

便於保存的罐頭是先人偉大的發明，想提出符合時代的好建議

解決問題的關鍵

- 顧客在原本的戰場嗎？如果沒有顧客就什麼都別談了
- 盡早放棄低報酬的商業模式，思考發展新事業吧
- 敢開口要求忙碌的妻子幫忙做下酒菜的男人其實很少
- 三百日圓的鯖魚罐頭感覺有點小貴，但和居酒屋要價五百日圓的鯖魚相比就是很實惠的價格了

打造能讓自己獲勝的戰場！

企業如果硬要在不擅長的戰場一決勝負，最終還是無法獲勝。況且在瞬息萬變的市場上，就連戰場本身也可能會消失。

富士底片（FUJIFILM）正是轉換事業跑道的代表。富士底片費盡千辛萬苦一手打造出化學底片市場，卻由於數位相機的興起，讓整個戰場隨之崩解。認清事實這點十分重要。

富士底片檢視自己公司所持有的技術，開始研究底片主要原料的膠原蛋白，及防止相片褪色的抗氧化技術。推出艾詩緹（ASTALIFT Series）美肌保養品，開始進軍保養品市場。

無論原先擁有高明技術或具有優勢地位，一旦失去戰場連上場跟其他廠商一決勝負的機會也沒有。**選擇可以獲勝的「戰場」，與強化商品特點的重要性不相上下。**

企業的優勢、理念

不想參與低價競爭，而是提高罐頭的商品價值

可說是「罐裝下酒菜」之父的食品統籌部副部長森公一表示：「低價競爭戰十分嚴苛，比起商品本身，客戶更在意的是希望『價錢能夠便宜點』。如今生鮮食品通路商的設備很齊全，市場上也有冷凍食品和調理包等各種選擇。況且現在只要透過便利商店或宅配隨時都能享用美食，人們並不會特意購買保存期間長的罐頭。」

競爭激烈的罐頭食品市場也常見各家廠商削價競爭。正因如此，更應該思考「總是賣便宜東西就好了嗎？罐頭難道沒有其他附加價值了嗎？」

此外由於食品經銷商面對的是低報酬商業模式，也試著摸索最能發揮公司資源的方法。

消費者的真心話

在家喝酒時也希望能吃到美味的下酒菜

喜歡飲酒的人難免會想說「有沒有不下廚也可以在家吃到像居酒屋一樣美味下酒菜的方法呢？」光用袋裝零食配酒總是會感到空虛，但敢開口要忙碌的妻子幫忙做下酒菜

的丈夫也不多。

發現疊合的部分

讓罐頭食品成為美味下酒菜！

日本配菜罐頭市場戰況激烈，想勝過羽衣食品公司（はごろもフーズ）與丸林日魯（マルハニチロ）等大型食品企業，實在難如登天。

況且現在這個時代。連便利商店也隨時買的到新鮮美食，沒有必要特別買罐頭放在家中保存。

國分公司並非以配飯用的罐頭食品作為主要市場，而是試圖以「罐裝下酒菜」打入下酒菜市場。即使是同樣的技術、同樣的產品，選擇不同的戰場也會展現出截然不同的價值。

國分公司的優勢在於「製作美味的罐頭食品」，與「想在家放鬆喝酒」的時代背景疊合，為原已飽和的罐頭食品市場帶來新商機。

隨著對戰的敵人不同，商品的價格及價值也會有所改變。

家庭主婦買來當晚餐用的鯖魚罐頭或許只有一百日圓，但如果是作下酒菜用的話即使要三百日圓也可以接受。

跟居酒屋動輒五百日圓的下酒菜一比，三百日圓的罐頭實在是很划算。而國分公司在開發下酒菜商品系列時也有所堅持。

「商品化中我們秉持一個原則，那就是『這項商品拿來當下酒菜，會讓人更想喝酒嗎？』如果試吃之後覺得『真適合配飯！』，我們就會放棄拿來做下酒菜的念頭。當然買回家後要怎麼搭配是客人的自由。我們開發人員的立場是從『這拿來配飯吃？別開玩笑了！』的角度出發（笑）」，森公一副部長如是說。

「罐裝下酒菜」發售第一年的銷售額便高達一億八千萬日圓，短短幾年內便開創出跟原有配菜罐頭市場不同的新戰場。

Q28

格萊珉銀行以什麼方式向貧困人們提供融資服務？

即使是窮人也是社會的一份子

格萊珉銀行（Grameen bank，又稱孟加拉鄉村銀行）創始人穆罕默德·尤努斯（Muhammad Yunus）大學時專門研究如何消滅貧困。透過研究，他了解到窮人即使想脫離現況，卻難以申請貸款，導致永遠身陷窮困的泥淖。

格萊珉銀行誕生的目標，正是向貧困的人們提供融資服務。然而格萊珉銀行面臨的最大問題就是「如何讓人們償還貸款」。讓還款率高達百分之九十五以上的策略究竟是什麼呢？

提示 如果只是貸款給個人當然不會成功。

A-28

採用村民五人一組的連帶責任制融資

消費者的真心話

「不能給其他村民添麻煩」的念頭會激起貧困村民的責任感，更加渴望經濟自立

企業的優勢、理念

目的不在於追求企業的最大利益，而是消滅貧窮現象

解決問題的關鍵

- 廣受支持的商業模式必定肩負某種「使命」
- 當地沒有以貧困階層為貸款對象的銀行
- 貧困的村民們是靠著與其他村民的互助才得以生活
- 世界第一個為貧困階層提供小額貸款的銀行，擔保品是村民之間的聯結，也就是社會資本

疊合的技術

具有「使命感」的企業

有些企業也許獲利豐厚，但卻無法引起社會的共鳴。比方說讓人上癮的付費社群網路遊戲，或者是靠剝削廉價勞力的快速時尚品牌。目前這些企業或許能因順應時代潮流獲利，然而一旦問題爆發出來便會遭到社會批判，更可能會被消費者捨棄。一旦品牌形象跌落谷底，想東山再起就難了。

另一方面，有些企業試圖解決人們所面臨的問題，致力於讓社會變得更美好。這些崇高理念願景對人們非常有吸引力，也會讓企業獲得更多的社會支持與認同。

要模仿商業模式與提供類似服務很簡單，然而創業者的珍貴初衷是難以複製的。具有社會使命感的企業在消費者眼中顯得與眾不同。比起只會模仿的企業，懷抱使命感的企業更能貫徹理念，也更能展現出成果。

企業的優勢、理念

使命是「消滅貧困」

格萊珉銀行的創始人穆罕默德．尤努斯原本並非銀行家，而是一個普通的大學教授。在他的想法中，格萊珉銀行的使命便是「消滅貧困」。

如果銀行以提升獲利為目標，根本不可能借錢給貧困階層的人們。此外，貸款給窮人的失敗風險實在是太高了，對銀行來說根本沒有值得一試的價值。

然而，如果企業是以消滅貧困為己任，便會去探索實現目標的可能性。

消費者的真心話

真正想要的不是物資援助而是自立能力

有句俗諺說「給人魚吃，不如教人捕魚」。這句話充分顯示了自立的重要性。然而目前援助窮人大部分都以提供食物和物資為中心，援助行動一結束，當地人立刻又陷入貧困。為了治本，就必須讓貧困階層的人們擁有自己的事業，經濟能夠自立。但現實中沒有銀行願意貸款給貧困階層作為自立的基礎。

雖看似殘酷，但對銀行來說是理所當然的事。能夠償還貸款、運用大筆金錢從事買賣交易，收益穩定的富裕階層，才是傳統銀行心目中的「好客人」。

然而，貧困階層真的就還不了貸款嗎？研究貧困問題的尤努斯經過實地考察後，發現貧困階層渴望經濟獨立，也具有很強的責任感。

更重要的是，一旦違背約定便會被全村的村民所唾棄。比起都市居民，貧困地區的人民更需要仰賴彼此的互助合作。

發現疊合的部分

為了貧困階層而建立的銀行

「**貧困階層的村民責任感強烈，堅持『不能給其他村民添麻煩』，也渴望經濟自立**」與「**消滅貧困是格萊珉銀行的使命**」疊合，於是世界上第一個貸款給貧困階層的銀行於焉而生。

貧窮不等同於缺少責任心。為了激發村民的連帶責任感，格萊珉銀行提供融資時以五人一組為單位。

貸款規則為五人一組依序接受融資。如果有一個人沒有還清貸款，就對停止對其他人提供融資。如果接受融資的人無法償還貸款，其他四人也會合力協助還清。

對於偏僻鄉村的貧困村民來說，與鄰居的關係是重要社會資本，格萊珉銀行採用連帶責任制，確保了極高貸款償還率。

價格昂貴卻能暢銷的商品條件

Q29

三萬日圓的百慕達電扇能在充斥便宜貨市場中佔有一席之地的理由何在？

現在家電業界中的低價戰爭十分激烈，電扇當然也無法倖免。然而，在眾多低價的電扇中，卻有一台價格超過三萬日幣仍賣到缺貨。引發熱烈討論的高架電扇便是百慕達公司（BALMUDA）的「GreenFan Japan」。

家電量販店中多的是數千日圓即可入手的電扇，為何只有「GreenFan Japan」開出三萬日圓的高價卻依然賣到缺貨呢？

提示 以性能作為勝負關鍵，總有一天會遇到瓶頸。

A-29

帶來猶如早春氛圍般和煦微風的電風扇

消費者的真心話

如果能吹著舒爽的風進入夢鄉該有多好

企業的優勢、理念

重現「自然界的風」，讓消費者擁有愉快舒適的美好體驗

解決問題的關鍵

- 捫心自問，非得要用性能和價格跟其他廠商決勝負嗎？
- 比起模仿其他公司做出類似商品，不如思考顧客真正的需求
- 金錢難以衡量的「舒適體驗」正是與其他商品做出區隔的關鍵
- 尋求能讓消費者在難以入眠的夏夜中也能睡得舒適的美好體驗

採行「富有建設性的浪費」

電扇多半以強勁風力與低價策略作為主要訴求，然而消費者真的需要這樣的商品嗎？走進家電量販店，滿坑滿谷都是以價錢和性能作為訴求的商品。但只讓風變得更強勁，而不去思考怎樣改善消費者的使用體驗，這樣的商品是無法激起消費者購買慾的。

二〇一五年，百慕達推出了號稱能烤出絕頂美味吐司的高級烤吐司機，售價高達二萬五千日圓。價錢雖然很貴卻仍受到消費者的青睞。究竟為何新創事業的百慕達公司能獲得比家電大廠更高的評價呢？

百慕達公司董事長寺尾玄這麼說：「『二萬五千日圓的高級烤吐司機！』你願意買下它嗎？普通人會覺得太貴吧！只要幾千日圓就能買到普通的烤吐司機，要價二萬五千日圓的機器，對一般人來說買不下手也是理所當然的。稍微了解行銷的人，看到這種沒什麼市場的商品，大概只會覺得我們的腦子有問題吧！

但如果說『這台機器能夠讓你嚐到世上最美味的吐司』，聽到這句話是不是稍微有點興趣了呢？『世上第一美味吐司到底是什麼味道呢？真想嚐嚐看啊！』如此一來，即便是二萬五千日圓的烤吐司機，也會有消費者願意將它買回家。

換言之，人們想要的不是『物品』本身，而是運用『工具』所獲得的驚喜和感動，也就是享受『美好的體驗』！」

美好體驗所帶來的感性價值，對於其他企業而言實際上是巨大的參進障礙。因為商品帶來的體驗難以數據化，受到預算問題拘束的家電大廠很難決定是否要投資研發此類項目。另一方面，為了讓消費者體驗世上最美味的烤吐司，負責研發機器的員工也必須查訪各地麵包店。對大公司來說大概也不允許這種看似放任員工遊玩的行為吧！企業必須認知到「**創造美好體驗的必經之路不等於無謂的浪費**」。

企業的優勢、理念

想重現「自然界的風」

電扇的風長久以來一直有個問題存在，也就是長時間吹人工製造的風會讓身體變冷。直線風向加上呈漩渦狀的風是讓我們感到不自然的關鍵。

百慕達希望能讓顧客一夜好眠，試圖研發重現「自然界的風」。

消費者的真心話

想吹著舒服的風進入夢鄉

悶熱又難以入眠的夏夜，如果能像早春時只要開窗，就可以吹著和煦微風舒服地進入夢鄉該有多好。然而，現實中開窗迎面襲來的只有熱風，而且蚊子也會跟著進來。但開冷氣又容易感冒，電扇連吹一整晚也覺得不舒服。夏天難以入睡的問題長久以來困擾著許多消費者。

想吹著舒服的風入眠——光靠家電量販店的價格廝殺或性能競爭，無法實現消費者的願望。

發現疊合的部分

可吹出自然風的電風扇！

百慕達公司所思考的不是如何提升性能，而是提供消費者美好的體驗。

消費者的願望「**想吹著舒服的風進入夢鄉**」與百慕達公司理念「**想讓消費者擁有超越送風機能的『美好體驗』**」疊合，能夠吹出自然風的電風扇於焉誕生。

Q30 除了快速到貨以外，還有其他促進「明日送達」業績成長的因素嗎？

以前公司的總務部門需要到文具店，或用電話訂購辦公室用品。現今許多企業都用宅配購買辦公室商品。

文具廠商普樂士（Plus）展開「明日送達（アスクル，ASKUL）」事業，客人在訂購次日便能收到商品，大幅減輕了客戶公司總務部門負擔，與其合作的企業數量因而持續攀升。

「明日送達」接著為了因應客人日益增加的各種需求，下了某個決定也讓業績大幅提升。「明日送達」究竟下了什麼樣的決定呢？

提示 購物中心會包含各種類型的商家。

A-30

連競爭對手的商品也一併提供

消費者的真心話

希望能一次買齊需要的物品

企業的優勢、理念

不只要提升自家公司的商品銷量，也想帶動整體文具業界的發展

解決問題的關鍵

- 重要的不是非黑即白，而是處在其中的灰色地帶
- 時而為敵、時而為友，要學會成熟的對應方式
- 顧客想要的不只有普樂士的商品，而是所有需要的文具
- 從顧客的觀點來看，業界不一定要互相競爭才能成長

疊合的技術

改變看待事情的角度，敵人也會變朋友

「昨天的敵人是今日的朋友」，這類例子已有增長趨勢。像是蘋果和Google，iPhone和Android等手機廠商雖然處於競爭狀態，但iPhone推薦使用者的APP中也包含了Google Maps。

如果彼此缺乏相容性，各用各的運作方式，那事情又會變得如何呢？想必消費者會覺得難以使用，最後移情別戀。情感上或許不想與競爭對手合作，但商場上並非總是非黑即白，越來越多的例子處於灰色地帶。

想判斷出灰色地帶，就必須先知道這灰色地帶是否對顧客有益。只追求自家公司的短期利益，但超越業界其他廠商的小小勝利，無助於整體業界的成長。此時需要放開心胸，**瞭解到「競爭對手」同時也可能是「合作夥伴」**。

這取決於我們看待事物的角度。只要改變「角度」，也創造出增加「夥伴」的可能性。

還沒被客人注意到就敗下陣來真是不甘心

現在「明日送達」的知名度可能比普樂士文具還高，但「明日送達」最初也不過是普樂士文具旗下的一項事業。

普樂士製作的優良商品，在國譽文具（Kokuyo）等大廠的金字招牌底下顯得黯淡無光，如何提高在文具消費族群內的品牌知名度成為一大難題。

回想當時的過程，岩田彰一郎社長表示：「我們不是沒有被客人選中，而是客人根本就沒發現到我們的存在！就算輸了也叫人嚥不下這口氣。既然如此，就直接把商品送到客人手上吧！實現這個目標的手段便是『明日送達。』」

經營重點不在致力於最大化自家公司的營業額，而是與經銷商、文具店通力合作，打造文具業界的良好循環。

因此，普樂士文具判斷「明日送達」整合競爭對手的商品有益整體文具業界發展，向顧客提供具有價值的服務是最重要的目標。

消費者的真心話

希望一次買齊所需物品

顧客所用的文具不見得都是普樂士的產品，然而可以的話仍希望一次買齊，如果各種廠牌都有就更方便了。

發現疊合的部分

將「各家文具」送到辦公室

岩田社長說「創業之初我們只準備了自家商品，也希望客人能夠接受這個做法。但這真的是客人想要的嗎？我們想賣的商品和客人的需求並不完全疊合，我們必須向客人學習，將顧客心聲內化為事業的一部分。我認為這種「學習型組織」的力量十分重要。」

企業總務部負責人的真心話是「**想一次補齊辦公室用品**」與「明日送達」**希望帶動文具業界發展**的意向疊合，讓「明日送達」從只宅配自家商品，進化為次日送達「各家文具」。

其中當然也有一部分文具和普樂士自家產品定位相同，但增加顧客的選擇，對於消費者而言更加方便。由於販售產品的種類增加，「明日送達」的銷售額也大幅上升。

如果從製造者角度來看，不可能用自己公司的銷售網絡賣別人公司的東西；但「明日送達」傾聽顧客「也想要其他廠商文具」的心聲，為公司的商業發展帶來更多的可能性。

敵人和朋友取決於看待事情的角度，需要在不同場合展現成熟的對應方式，而不是一心想著摺倒對方。**從業界成長的角度觀察，從顧客觀點出發並加以修正。**昨天的敵人就是今天的朋友。

結語

靈活而富有變化的問題解決術

市面上有許多關於解決問題的書籍，讓我思考自己究竟能為讀者做些什麼。到鄰近的書店閒晃，發現封面寫著「○○流　問題解決」的書籍不勝枚舉。這些書籍介紹許多專業的分析工具與分析方法，但我也不禁懷疑，看過這些書的讀者，真的能夠活用書中所教的問題解決方法嗎？

把用不慣的工具拿來處理問題只會讓事情變得越來越複雜。

我不是諮詢顧問公司出身，而是市場行銷專家和企業家，每天所面對的交易對象都是活生生的「人」。了解顧客有哪些需求沒有被滿足，和顧客溝通進而讓交易成功，這便是我賴以維生的工作。

複雜的商業提案書對顧客來說毫無用處，重點在於如何乾淨俐落地解決客戶的問題。

我認為複雜的方式無益於解決問題，運用人與生俱來、靈活而富有變化的思考能力，更能有效解決問題。

我非常喜歡井上久志先生的這句話：「化繁為簡，化簡為奧，化奧為趣。」

工作中往往會面臨許多與他人討論的場合，需要當下回答問題。理論或許也能夠解答，然而，**乍看之下不合常理甚至是繞遠路的方法，有時才是解決問題的關鍵**。

不是只想著用邏輯思考解決問題，首先要用充滿包容力和想像力的心來面對各種事物。解決問題的訣竅與思維方式，便是**將複雜的事物變得簡單而有趣**。

本書舉出三十個乍看之下難以處理的問題，運用靈活又簡單的思考方式，即可成功克服各種困難。無論工具、技巧怎麼演進，科技再怎麼發達，我們的工作對象始終都是「人」；思考問題時也絕不能忘記需以人為主軸。

所以，請各位讀者千萬不要因為不擅長理論工具就妄自菲薄。相反地，擁有豐沛情感與想像力，能夠理解他人難處的人，才更能引領時代風潮。

說到我為什麼會採取這樣的思考方式，就不得不回顧我的人生。我最早的記憶是在紐約某個幼稚園中的寂寞回憶。我直到七歲前都住在紐約。明明不太會說英文卻必須在紐約上學，這讓我感到十分不安。「要怎樣才能和美國人好好相處呢？」打從孩提時代，我便下意識地尋找自己和他人的共通處。

接著在七歲時，我突然被帶回了日本。回到日本上學的第一天，母親幫我選了黃色五分褲和紅色T恤。這副充滿活力的打扮，在穿著體操服的同學們中顯得格外突出，也讓我得到「麥可」這個綽號。

調整與他人格格不入的處境，同時也不失去獨特的自我個性，大概是這段經歷，讓我不斷磨練學習如何面對他人的需求，尋找彼此都能接受的平衡點。不知不覺中，我發現如果能找到雙方疊合的部分，就不需要過度迎合對方，也不會讓另一方失去自我。

我的思考方式與市場行銷十分契合，也讓我得以發展以市場行銷為業的生涯。

以自身的人生經驗為基礎，我處理來自各地顧客的委託，其中包括商品、店面、網路服務到振興地方發展等各式各樣的難題。在過程中我對於「疊合思考」越加熟練，同時也摸索出能將之傳達給各位讀者的方法。

在這邊我要感謝日本Diamond社的市川編輯和武井編輯，由於他們的大力協助，本書才得以問世。原本規劃的書籍內容以市場行銷為主，但是編輯也認為「疊合思考」已經跨越市場行銷的領域，能夠運用在各種問題上。無論是業務員、企業經營者或煩惱溝通問題的新進員工都能活用這些技巧，也讓我發現本書所提供的思考方式能夠與廣大讀者群的需求疊合。

信任好點子網路平台的委託客戶日益增加，我對此也相當感激；由於客戶的用心，回應消費者需求的商品與服務才得以問世。切合消費者需求的商品與服務能夠出現在市場上讓買賣雙方獲得雙贏，真的非常感謝各位的付出。

此外，還要感謝好點子網路平台的使用者與團隊成員。該網路平台的誕生，目的是為了讓社會大眾參與商品開發，將消費者的心聲傳達給廠商，減少彼此間的落差。正因為有各位使用者與團隊成員的支持，才能讓好點子網路平台成長茁壯，我的感激之情難以言喻。

然而，如果甘於現狀，便會無法跟上時代的需求，這也是世間的常理。隨著科技不斷進步，好點子網路平台與使用者及客戶間想必也會開始產生落差吧！就算找到疊合的部分，也不代表任務結束，而是迎向下一個階段的開始。我會秉持樂觀的態度，保持富有彈性和變化的思考方式，維持與各位的共通之處。為了實現此一目的，我也持續找尋適合好點子網路平台的工作夥伴。

最後，如果能讓本書讀者也感受到解決問題不是什麼難事，願意在生活中運用本書的疊合思考方法，大概就是我最大的幸福了。我也期待有朝一日能與各位相見，成為一同工作的夥伴。

祝福各位都能為所面臨的問題找到很棒的解答。

最後讓我們一起說：「這點子真是太棒了！」

坂田直樹

二〇一六年十月

參考文獻

第1章　學習思考如何解決「不可能的任務」吧！

日本環球影城

- 「日本環球影城的入場人數超越東京迪士尼，躍居世界第四」，RBB TODAY，2016年5月27日
- http://www.rbbtoday.com/article/2016/05/27/142305.html
- 《雲霄飛車為何會倒退嚕？創意、行動、決斷力，日本環球影城谷底重生之路》（森岡毅著）

格列佛二手車店

關於Freee網站 https://www.freee.co.jp/

掃地機器人「倫巴」

- 關於倫巴　網站　https://www.irobot-jp.com/roomba/index.html

日本東北樂天金鷹

- 關於樂天金鷹　網站 http://www.rakuteneagles.jp/
- 「新球團誕生，應該如何擄獲球迷的心？」日經Business Online，2010年7月23日
- http://business.nikkeibp.co.jp/article/manage/20100723/215556
- 「球場裡有像居酒屋般的觀賽席不是很棒嗎？」日經Business

Online，2010年8月16日
- http://business.nikkeibp.co.jp/article/manage/20100816/215798

讀書補給站APP

-「未來充滿無限可能『別讓機會從手中溜走』」NHK經濟前線，2015年11月14日
- http://www.nhk.or.jp/keizai/kotoba/20151114.html
-「高中生口中的『應考APP』活用技巧，授課影片廣受好評」Resemom，2014年10月3日
- http://resemom.jp/article/2014/10/03/20720.html
-「980日圓的線上補習班 『應考APP』的起因以及所運用的戰略？」Diamond online，2015年9月15日
- http://diamond.jp/articles/-/78631

QB HOUSE

-「依都道府縣別解讀最新美容院家數、美容師數目各項排行榜」月刊《美容界》，2016年2月號
-「55歲開創事業——提出10分鐘1000日圓的新價值標準」ITmedia executive，2011年4月25日
- http://mag.executive.itmedia.co.jp/executive/articles/1104/25/news019.html
-「面臨危機的樂天，即便深陷泥淖仍努力作出業績成長的表象，但終究在雅虎的猛烈攻勢下跌落寶座」Business Journal，2016年1月3日
- http://biz-journal.jp/2016/01/post_13136.html

第2章　在重重限制中找出「解決方法」的思考能力

近畿大學

- 關於近畿大學　網站http://www.kindai.ac.jp/
- 《規則顛覆者如何贏得用戶，占領市場》（內田和成著）
- 「18歲人口與高等教育機構入學率的變化」內閣府
- http://www8.cao.go.jp/cstp/tyousakai/kihon5/1kai/siryo6-2-7.pdf

普客二四

- 關於普客二四停車場　網站http://www.park24.co.jp/
- 「計時收費停車場龍頭普客二四的資訊系統戰略『停車場與汽車共享的商業模式相近。藉由TONIC在短時間建立新事業」
- Diamond online，2011年7月19日
- http://diamond.jp/articles/-/13141

日本交通公司

- 日本交通公司　網站http://www.nihon-kotsu.co.jp/

聖・賽巴斯坦

- 《只有十八萬人口的地方為何能成為世界第一的美食城市？》（高城剛，祥傳社）

雀巢大使

- 自動販賣機普及率及每年販售金額　一般社團法人日本自動販賣機工業會
- http://www.jvma.or.jp/information/fukyu2014.pdf

北海道旭山動物園

- 關於旭山動物園　網站http://www.city.asahikawa.hokkaido.jp/asahiyamazoo/

第3章　學習運用「共鳴戰略」創造價值吧！

東京R不動產

-「東京的未來從『思考只有這裡獨有的事物』開始：東京R不動產・林厚見」，WIRED，2015年9月26日
- http://wired.jp/2015/09/26/atsumi-hayashi/
-「草食系麥肯錫所經營的有趣不動產業」，東洋經濟Online，2013年2月14日
- http://toyokeizai.net/articles/-/12906
-《我們選擇這種工作方式　東京R不動產的自由經紀風格》（馬場正尊、林厚見、吉里裕也著，Diamond社）

JR東日本鐵路公司

- 關於JR東日本　網站http://www.jreast.co.jp/
-「獲勝所需要的不是勇氣，而是精密的評估規劃」，cakes，2014年3月5日
- https://cakes.mu/posts/5035
-《用話語創造未來》（細田高廣著，Diamond社）
-「打造驗票閘門內側的賣場」離職女性@type 2006年6月20日更新
- http://woman.type.jp/s/vitamin03/18/

Wii U

- 「如何傳達Wii的商品概念呢？」，ITmedia business online，2016年5月20日
- http://www.itmedia.co.jp/business/articles/1605/20/news024.html
- 「讓社長來解析Wii Project~Wii誕生的理由」任天堂網頁
- https://www.nintendo.co.jp/wii/topics/interview/vol2/02.html
- 「抓住適切的問題，Wii由此而生」HOBO NIKKAN ITOI SHINBUN，2008年11月13日
- https://www.1101.com/umeda_iwata/2008-11-13.html

夷隅鐵道

- 「近年廢棄的鐵道」，國土交通省
- http://www.mlit.go.jp/common/001136976.pdf
- 「『鐵社長』讓經營赤字的地方支線『夷隅鐵道』重生」President Online
- http://president.jp/articles/-/15642
- 《運用地方支線讓地區恢復活力：夷隅鐵道社長的昭和風商業論》（鳥塚亮著，晶文社）
- 「聽聽花葉經濟的發起者怎麼說，活用高齡人士的重要性」，事業構想，2015年10月號
- 「花葉救城鎮！帶來二億六千萬日圓的花葉經濟是？」，SUUMO Journal，2013年12月18日
- http://suumo.jp/journal/2013/12/18/56330/

宇宙兄弟

- 《用我們的假設創造世界》（佐渡島庸平著，Diamond社）

- 「宇宙兄弟的負責編輯所呈現的世界觀，用對作品的愛打造社群」SENSORS，2015年12月24日
- http://www.sensors.jp/post/yuhi_nakayama_1.html

JINS PC眼鏡

- 「【業界資訊】眼鏡、隱形眼鏡」日經NEEDS業界解說報告，2016年9月16日
- 《掙脫束縛的勇氣　JINS挑戰眼鏡變革》（田中仁、日經BP社）
- 「國民商品！？來認識眼鏡行吧」R25，2009年4月3日
- http://r25.jp/business/90006597/

第4章　對世間常識抱持疑問，思考如何賦予事物「新價值」

卡樂比水果穀片

- 「U.S. organic sales post new record of $43.3 billion in 2015」，Organic trade association，2016年5月19日
- https://www.ota.com/news/press-releases/19031
- 「卡樂比水果穀片，4年年收入翻漲五倍的內幕」東洋經濟online，2015年8月19日
- https://toyokeizai.net/articles/-/80943
- 「健康意識抬頭，優格市場連續三年維持成長態勢」ITmedia business online，2013年1月30日
- http://bizmakoto.jp/makoto/articles/1301/30/news071.html

Pepper機器人

- 「第二代pepper，以家庭為導向的機器『人』」東洋經濟online，2015年6月23日

- http://toyokeizai.net/articles/-/74275

高田郵購

- 關於高田郵購　網站　http://www.japanet.co.jp/
- 「賣的不只是商品」，NIKKEI STYLE，2016年7月29日
- http://style.nikkei.com/article/DGXMZO04697010R10C16A7000000

岡村製作所

- 「為了提升公司效能，樂天選擇的可動式桌子是什麼呢？」東洋經濟ONLINE
- http://toyokeizai.net/articles/-/88608

聰明新聞SmartNews

- 「如何『擊中經絡穴位』，創造優秀商品？」，Industry Co-Creation，2016年7月28日
- https://industry-co-creation.com/management/3478
- 「『賣點何處尋』開發出切合需求商品的秘訣」，Industry Co-Creation，2016年7月29日
- https://industry-co-creation.com/management/3479

第5章　具備「原創性」的思考

明太子HAKATA Spicy caviar

- 《現在，頂尖商學院教授都在想什麼？：你不知道的管理學現況與真相》（入山章榮著）
- 「改變詞彙，讓美國人接受先入為主覺得反感的食物，很有一套的餐廳經營者」，提升外語能力部落格，2013年8月5日
- http://www.alc.co.jp/gogakuup/blog/2013/08/HimiOkajima- 01.html

- 「引發膠原蛋白風潮的男子，利用詞彙引發現象是最簡單的方法」logmi
- http://logmi.jp/52343

罐裝下酒菜

- 「聽聽國分公司熱賣商品『罐裝下酒菜』之父怎麼說，誕生與成功的故事～國分公司」Foods Channel，2014年8月19日
- https://www.foods-ch.com/shokuhin/1407235987883
- 「銷售額突破二十億日圓的熱賣商品，高級罐頭『罐裝下酒菜』的父親將告訴我們箇中奧秘」週Play News，2014年10月3日
- http://wpb.shueisha.co.jp/2014/10/03/36642/

格萊珉銀行

- 《話語創造未來》（細田高廣著，Diamond社）
- 「市場上沒有答案」NewsPicks，2016年6月27日
- https://newspicks.com/news/1632213/body/
- 「只有商品消費者可不會買單」日經Business Online，2015年11月5日
- http://business.nikkeibp.co.jp/atcl/opinion/15/102800010/110400003/

明日送達ASKUL

- 「與顧客一同進化，以五千億日圓企業為目標／『明日送達』社長岩田彰一郎」，企業家俱樂部，2000年12月27日
- http://kigyoka.com/news/magazine/magazine_20141211_3.html
- 《熱門商品是這麼創造出來的！：向UNIQLO、APPLE、DAISO……取經！圖解他們的商業模式，找到你的獲利關鍵》（板橋悟著）

BW0638

三萬日圓的電扇為什麼能賣到缺貨？

只要一張圖，就能學會熱賣商品背後的秘密！

國家圖書館出版品預行編目（CIP）資料

三萬日圓的電扇為什麼能賣到缺貨？：只要一張圖，就能學會熱賣商品背後的秘密！／坂田直樹著；林依璇譯. -- 初版. -- 臺北市：商周出版：家庭傳媒城邦分公司發行, 2017.07
面；　公分
譯自：問題解決ドリル：世界一シンプルな思考トレーニング
ISBN 978-986-477-251-3（平裝）
1. 職場成功法　2. 思考
494.35　　106007996

原　書　名／問題解決ドリル——世界一シンプルな思考トレーニング
作　　　者／坂田直樹
譯　　　者／林依璇
責 任 編 輯／劉芸
企 劃 選 書／黃鈺雯
版　　　權／翁靜如
行 銷 業 務／周佑潔、石一志

總　編　輯／陳美靜
總　經　理／彭之琬
發　行　人／何飛鵬
法 律 顧 問／台英國際商務法律事務所　羅明通律師
出　　　版／商周出版
臺北市104民生東路二段141號9樓
電話：(02) 2500-7008　傳真：(02) 2500-7759
E-mail: bwp.service @ cite.com.tw
發　　　行／英屬蓋曼群島商家庭傳媒股份有限公司　城邦分公司
臺北市104民生東路二段141號2樓
讀者服務專線：0800-020-299　24小時傳真服務：(02) 2517-0999
讀者服務信箱E-mail: cs@cite.com.tw
劃撥帳號：19833503　戶名：英屬蓋曼群島商家庭傳媒股份有限公司城邦分公司
訂 購 服 務／書虫股份有限公司客服專線：(02) 2500-7718；2500-7719
服務時間：週一至週五上午09:30-12:00；下午13:30-17:00
24小時傳真專線：(02) 2500-1990；2500-1991
劃撥帳號：19863813　戶名：書虫股份有限公司
E-mail: service@readingclub.com.tw
香港發行所／城邦（香港）出版集團有限公司
香港灣仔駱克道193號東超商業中心1樓
E-mail: hkcite@biznetvigator.com
電話：(852) 25086231　傳真：(852) 25789337
馬新發行所／城邦（馬新）出版集團
Cite (M) Sdn. Bhd.
41, Jalan Radin Anum, Bandar Baru Sri Petaling, 57000 Kuala Lumpur, Malaysia.
電話：(603) 9057-8822　傳真：(603) 9057-6622　E-mail: cite@cite.com.my

封面設計／黃聖文
印　　刷／韋懋實業有限公司
經 銷 商／聯合發行股份有限公司 電話：(02) 2917-8022　傳真：(02) 2911-0053
地址：新北市新店區寶橋路235巷6弄6號2樓

■2017年7月4日初版1刷

Printed in Taiwan

MONDAI KAIKETSU DORIRU
by Naoki Sakata

Original Japanese language edition published by Diamond, Inc.
Complex Chinese Character translation rights arranged with Diamond, Inc.
through Haii International Co., Ltd.

定價300元
ISBN 978-986-477-251-3

城邦讀書花園
www.cite.com.tw